U0059607
大都會文化
METROPOLITAN CULTURE

大都會文化
METROPOLITAN CULTURE

City Dog

時尚飼主的愛犬教養書

The Essential Guide for The Urban Owner

目 錄

Contents

都會生活充滿刺激性、挑戰性、啟發性，居住其中的人們深知各種生活方式的差異，對箇中好壞了然於心。然而越來越多的都市人覺察到，狗兒的陪伴能有效改善生活品質，我們只需要多花點時間和心血，牠們就能融入我們的都會生活。

前言

有別於狗狗能自在跳躍的鄉下，在都市養狗需要考慮很多面向。對大多數狗狗來說，能夠享受綠地森林圍繞的居家生活當然很棒，但是如果飼主能多一點理解、多付出些關愛，對狗狗稍加訓練，牠們也能適應，甚至輕鬆駕馭都市生活！狗狗絕對能享受快樂的都市生活；事實上，以寵物彼此之間的互動機會來看，都會生活佔有絕對優勢，不過還是需要配合適當訓練和社會化過程，讓狗狗的心理層面逐漸調適。

生活在城鎮或都市對人類充滿挑戰性，對狗狗也是一樣。不只是人與人之間過於靠近，狗與狗之間也是一樣，鄰居彼此缺乏過渡空間，導致人狗都很緊張、肩頭壓力沉重，同社區裡面養狗和不養狗的住戶，充滿劍拔弩張的氣氛。然而這種狀況其實是可以避免的，我們不妨反向思考，養狗的朋友們責任重大，家中寶貝絕對不是負擔，反而應該是都市活力與樂趣的來源！獨樂樂不如眾樂樂，養狗不單只是飼主個人的享受，也試著讓其他有機會與牠互動的人們體會其中的樂趣！

雖然都市環境不全然是藍天綠地，但是不能否認的，每座都市都有其獨特的活力，狗狗絕對能融入這樣的生活。

你可以試著發揮想像力，從狗狗的角度來看都市生活，原先非常熟悉的周遭環境，絕對會因此而呈現出完全不同的景象！

街上的小寶貝

如果你居住在城鎮或都會裡，最近剛好抱了一隻小狗狗回家養，那你應該一秒鐘也不能浪費！在都市水泥叢林當中行走，雖然不像在鄉村漫步般悠閒，但是狗狗還是要出門遛達遛達，熟悉牠將來可能要面對的各種景象、聲音、味道、觸感。你可以試著發揮想像力，想想看幼犬眼中的世界應該長什麼樣子？街道不是由黃金舖設而成，而是充滿了垃圾、行人的雙腳、迎面而來的嬰兒車輪。你們家小狗狗必須面對的生活，迥異於生活在鄉村的狗狗；牠以後可能會搭電梯、搭巴士或火車旅行，牠也可能在一堆小朋友聚集的學校附近散步；不只如此，建築工地、街道整修、吵雜的車輛……凡此種種都是狗狗以後可能會遇到的考驗，你要預先把這些情況列在幼犬的探索清單裡。如果現在漏掉了某些牠將來可能會接觸的事物，一旦牠遇到這些情況，可能導致壓力、緊張，甚至非常害怕。

飼主和狗狗的社會化過程

因都市生活而苦的狗狗，主要是因為飼主太過粗心，沒有考慮牠的需求，所以牠無法發揮與生俱來的本能。未經訓練的狗狗，沒有經過社會化過程的洗禮，牠們會吵鬧、隨地便溺、造成街道一團混亂，甚至騷擾鄰居。然而這並不表示狗狗不夠順從，實在只是因為沒人教牠該如何守規矩。在都會裡養狗，就要花時間和心思擔負起教導的責任，但是你千萬別煩惱，因為教導狗狗的過程絕對樂趣橫生；一旦開始養狗之後，你很快會發現自己對都市的觀感也跟著改變了！跟狗狗分享生活，會為你帶來嶄新的體驗，全然不同的溝通模式，讓你逐步探索生活當中的新面向！也許你會因此而增加運動量、降低生活壓力指數、與鄰居有更多交流、有更多機會和街上的路人攀談、交很多新朋友，上述這些好處，都是你和狗狗社會化過程額外的收穫！

狗狗喜歡學習，牠們也樂於接受社會化的洗禮。如果你對都市懷抱一份熱誠，並且熱愛養狗，那麼這本書非常適合你！

1. 挑選適合自己的狗狗

選擇適合自己的狗狗

狗狗就像人一樣，有些種類比較適合都市生活，有些比較不適合。不管品種或個體差異，狗狗是否能融入都會生活，一方面取決於外在體型，一方面則跟行為有關，這兩部分的特性和需求都要考慮在內。也就是說，這些條件都要適合你本身的環境和生活模式，對你來說「如何挑選擇適當的狗狗」是門非常重要的課題！

如果你正考慮要養狗狗，讓都會生活多一個伴，那麼有很多因素要納入考慮；然而要是你已經選擇了品種或類型，或許可以預先幫狗狗設想相關需求，這樣才能有效提升牠未來的生活品質。

體型是非常重要的因素

一般人都很清楚，在都會環境中養狗狗，體型大小非常重要。當然這並不是說大型犬就不適合都會生活，但是當飼主在選擇要養什麼狗狗時，確實要先考慮現實層面的問題，在有限的空間、時間、狗狗外出活動機會等條件下，是否能夠提供大型犬良好的生活品質。

有些大型犬需要大量的活動，最好能解開牽繩，讓牠自由自在地奔馳。像是拉布拉多（Labrador），牠們需要在沒有阻礙物的情況下，每天至少跑 2 趟，每次最少 40 分鐘；這是否可行，完全取決於你所居住的都市，能否提供適當的設施。以現實環境來看，某些大都市外環地帶有著世界上最大、設備最完善的都會公園；然而其他都會區可能條件沒那麼好，頂多只有一

玩賞犬雖然體型小，個性卻活潑好動，這種完美組合讓牠們成為絕佳的都會生活伴侶！

座非常小、非常擁擠的狗狗公園而已。

其他大型犬（特別是體型超巨大的品種）可能不需要那麼大量的活動，有些甚至非常出人意外，能夠適應狹小空間的生活，因為牠們比較喜歡趴著休息，而不是到處跑來跑去。然而只要大型犬出現在街頭，就會產生一些問題，因為牠們龐大的身軀很佔空間，容易擋到行人、嬰兒車，或佔據店鋪前櫥窗、戶外咖啡座的位置。你可以試著想像一下，如果在早上的尖峰時段拉著聖伯納犬（St Bernard），你和牠試圖通過繁忙的街道，天啊！這有多困難！

以都會環境來看，很明顯的小型犬會是比較好的選擇，不但體型小、容易攜帶、個性溫和，通常也不需要太多運動，因為小型犬比較不佔空間，在有限的空間條件下，牠們的生活品質會比大型犬好。然而如果反過來看，也是因為體型的關係，小型犬在街上行走會比較危險，很容易被踩到。雖然現在很流行把小型犬當作「提袋狗狗」，但是把狗狗帶著走，牠的行動受到限制，沒辦法自己趴趴走，似乎違反牠的天性！

旁觀者的觀點

美學是非常主觀的，某些人會被特定狗狗的外觀所吸引，對其他品種就沒什麼感覺。有些人認為巴哥犬（Pug）就是美的化身，有些人就認為牠們就像酷斯拉、非常醜；但有些人覺得阿富汗獵犬（Afghan Hound）看起來非常優雅，平滑柔順的毛皮，讓人一看到就心中小鹿亂撞，但是看在其他人眼裡，可能只會覺得這需要花很多時間打理！「選擇你所愛，愛你所選擇」，你會挑某些品種的狗狗，當然是因為喜歡牠的樣子，但是其實外觀並不是飼養狗狗最需要考慮的問題。經由培育的品種，牠們所具備的特定行為模式或生理特徵（由基因所操控）才是最重要的一環，因為這些才是影響你日常生活最主要的因素，而且時間可能長達 13 年甚至更久（狗狗的平均壽命）。基於上述理由，飼主在養狗之前，最好先作點功課，哪些品種比較適合自己，哪些比較容易融入都會生活，哪些是你的居住地允許飼養的品種。

成犬記事

當你在選擇狗狗時，可以把候選名單列出來，如果有人養相同品種的成犬，最好先諮詢這些飼主，千萬不能只看幼犬的樣子就斷然下決定。很多人只憑一時衝動，看到一團毛茸茸的小可愛，一下子就把牠帶回家，完全沒有考慮到未來；其實幼犬的外觀只是過渡期，牠成犬的樣子才是你真正應該喜歡的。

迷宮般的都會和法律相關規定

狗狗伴隨人類一起生活，已長達幾世紀之久，然而隨著都市生活崛起，相關法令也越來越多，明定飼主應承擔的責任義務，以確保社區環境的安全與潔淨。不過這卻產生一些負面影響，很多都市甚至一整個國家，對於飼養特定品種的狗狗有著非常嚴格的規範，甚至連狗狗活動或停留的地方也有限制。

品種限制

對於某些種類的狗狗是否具有攻擊傾向，絕大部分的動物行為學家尚未達成共識，然而因為少數個案造成人員傷亡，間接導致一些國家或都市禁止飼養像比特犬（Pit Bull Terrier）和洛威拿犬（Rottweiler）等品種的狗狗。有些都市為了避免全面禁養這種極端的法令，還要求飼主購買責任險，養狗的地方周圍至少要有 2 公尺高的圍籬，而且要把狗狗帶到公共場所時務必要幫牠戴口罩。此外，關於養狗規定還有個非常有趣的現象，很多國家的地方法令並不一致，各個地區有不同的規定。如果你最近想帶狗一起去旅行，或者有搬家的打算，記得要先詢問專業人士當地的相關資訊。以下將舉一些國家為例，簡單說明各地養狗的相關限制。

美國

美國聯邦政府允許各州自定法律規範飼主，其中包含適用於全州的主要法令，以及強制保險和衛生健康方面的規定。有些已通過的法令，對特定品種有詳細規定；至於很多全州適用的法令則與公共場所有關，不限定品種，對所有狗狗都有影響，例如在紐約遛狗，不管哪種狗狗都要繫牽繩，牽繩長度不能超過 2 公尺。

英國

自 1991 年起，英國發布了全國性的禁令，禁止繁殖或飼養美國比特犬（American Pit Bull Terrier）、日本土佐犬（Japanese Tosa），或任何以打鬥為目的而繁殖的品種。英國很多都市會限制狗狗活動的場所，只能在特定區域解開牽

繩；關於狗狗大小便和控制方面，幾乎所有城鎮有很嚴格的法令規定。

愛爾蘭

愛爾蘭首都都柏林對狗狗的限制很多，市政府名下的不動產有 11 種狗狗不得進入，包含房舍、公寓，以及房地產等；此外，市政府甚至計畫修訂地方法令，把公園也納入禁令範圍。也就是說如果飼主擁有這些官方所謂「具危險性」的狗狗，儘管牠們居住在私人房舍內，以後將不能踏入公園一步。這 11 種狗狗分別是英國牛頭梗（English Bull Terrier）、斯塔福郡鬥牛梗（Staffordshire Bull Terrier）、美國比特犬、洛威拿犬（Rottweiler）、德國牧羊犬或稱德國狼犬（German Shepherd 或 Alsatian）、杜賓犬（Dobermann）、羅德西亞脊背犬（Rhodesian Ridgeback）、日本秋田犬（Japanese Akita）、鬥牛獒（Bull Mastiff）、日本土佐犬、班道戈犬（Bandog）；除了純種狗之外，其他品種的混血也包含在禁令內。

法國

法國最近頒佈了一項新政策，所有「具攻擊性」的狗種都需要結紮，讓牠們無法繁殖。義大利最近也試圖引進養狗的相關禁令。

是否應該立法規範特定狗種的飼養，目前還具高度爭議性；然而已經有很多國家制定相關法令，嚴格禁止飼養某些特定品種，甚至是類似的種類也不行。

德國

德國和美國的情況類似，各州可以自行制定相關法令；德國很多州對於飼養比特犬（Pit Bull Terrier）這類較具危險性的品種，都有很嚴格的限制，其中最嚴格的是埃森州（Hessen），有 16 種狗都被禁止。

冰島

冰島首都雷克雅維克（Reykjavik）因為之前爆發狗瘟，所以在 1924 年全面禁止養狗；直到 2003 年以前，88,000 市民都還是生活在沒有狗狗的環境下。爾後因為一個試驗性質的計畫，才重新引進狗狗；在這段時期，雷克雅維克共有 850 位居民登記養狗，這些飼主每年要繳交狗頭稅，並且同意遵守非常嚴格的規定：狗狗絕對不能進入市區中心地帶；在早上 8 點到晚上 9 點之間，不得進入公園；而且禁止進入所有公有建物內。截至目前為止，法令的限制還是非常嚴格，甚至在往後還會有更多規範；也因此首都很多養狗人士群起反對，抗議為何他們不能在住家附近或鬧區遛狗。

不同品種，不同需求

狗狗雖然有很多類型，但是在分類學上都屬於同一種，其品系的多樣性，體型、顏色、毛皮、甚至外觀上的差異，地球上其他生物都無法望其項背。然而品種之間不只藉由外觀區分，經由幾世紀以來的選種育種，以前為了特定功能所培育的品種，時至今日我們寵物身上依然保有這些特徵。

選種育種的過程當然有其目的性，為了特定需求，才選擇具備某些特徵的狗狗進行繁殖，最後形成不同品系。儘管經過幾百年的繁衍分化，很多狗狗還是保有工作犬的天性，必須滿足牠們的需求，才能享受真正的快樂。換句話說，我們所選擇飼養的狗狗必須能融入都會生活當中，同時，我們也要幫牠創造適當的宣洩管道，讓牠發揮與生俱來的本能。

流行 vs 功能

在特定的時空背景下，某些狗種的特質可能非常明顯，但是卻只有少數人會再深入探究，其實這些特質是狗狗與生俱來的天性，不會因為環境的改變而抹滅。舉例來說，大多數的人們都知道邊境牧羊犬（Border Collie）還保有放牧的慾望，所以當牠看到一群羊的話會變得很興奮；然而如果把場景由草原轉換成都市，同樣的，狗狗依舊還是需要表現出追逐和繞圈圈的行為，不過這時候牠通常會把對象轉變成小孩、腳踏車騎士、慢跑者。

某些狗種會因為外觀、平常行為和大家口耳相傳的風聲，給大家錯誤印象，而有意要嘗試的飼主，也會因此放鬆戒心，以為牠很安全。例如可卡犬（Cocker Spaniel）看起來就像可愛的小型玩賞犬，但是一有機會的話，牠馬上會變得很活潑，就像過動的工作狂一樣，完全沉迷在尋回遊戲裡！西高地白梗犬（West Highland White Terrier）、傑克羅素犬（Jack Russell）和其他梗犬（Terrier）也一樣，都屬於工作狂一族，

其程度甚至超過一般人的想像，所以務必要給牠們宣洩的管道，才能讓這類型的狗狗成為絕佳的都會新寵！

狗狗的一天

試著想想看，狗狗的一天會是什麼樣的情況？你腦海中浮現一個時鐘，多數的狗狗都有些特殊需求，像是休息、吃、玩、跟人撒嬌互動等，這些活動需要花多少時間？時間的分配當然會因為品系和種類而有所差異，而除了上面列出的活動之外，一天當中剩餘的時間，應該讓牠有機會玩些自己的遊戲，到處亂挖、亂跑、亂咬，這當中最好包含一些拋出尋回或動動腦解決問題的把戲。這全部取決於你，如何找出方法讓上述活動填滿牠的時間；這樣狗狗漫長的一天就會變得很充實！

養狗的人都知道，狗狗也是有喜怒哀樂的，就跟人類一樣，四周環境和居住地的狀況，會讓牠的情緒上下起伏。這就好像連鎖反應，牠的情緒緊接著影響牠的行為，甚至和牠好不好訓練都有關係。你可以試著想像一下，如果一隻羅德西亞脊背犬已經好幾天沒出門活動筋骨，在這時候訓練牠不要在前門亂吠；又或是當你們家的傑克羅素犬聽到隔壁的貓正在喵喵叫，你希望轉移牠的注意力；上述二種情況應該都不是件容易的差事吧！很明顯的，狗狗的情緒狀態會影響到牠的專注力、學習能力和衝動時的自我克制力。

關於狗狗的個性

狗狗喜歡做些什麼，部分源於血統，部分跟個體本身特質有關。如果只考慮血統的單一因素就妄下結論，認定牠會作什麼、不會作什麼，這樣非常冒險。舉例來說，還是有敏捷度很低的巴哥犬，一些黃金獵犬（Golden Retriever）甚至非常痛恨尋回遊戲！觀察自家狗狗肢體語言所傳達的訊息，深入體會屬於牠獨有的個性，這也是養狗的樂趣來源！

你知道狗狗真正的需求是什麼？牠會因為玩追逐遊戲而興奮嗎？還是因為被愛撫而感到滿足？因為血統、種類，以及個體差異，每隻狗狗都有不同的需求。

儘可能多製造些機會，讓狗狗與生俱來的天性有發洩的管道；這對於生活在都市的你，可能會覺得挑戰性很高，不過這絕對是可行的，而且整個過程會非常有趣！首先你要知道狗狗的品種，原來培育的目的是什麼？牠需要些什麼？接下來就是發揮創意的大好機會，你可以想一些方法，讓牠們主動參與活動舒展身心，既可以不辜負血脈傳承，也能符合個體本身的需求。

行為和體型特質

如果你正考慮飼養系出名門的幼犬，那更需要慎重一點，而在都會環境下，牠是否能如魚得水優游自在。如果你已經把幼犬帶回家了，最好先翻閱相關資料，找出這種品系原先育種的功能為何，這有助於讓你了解牠的行為，幫助牠更容易融入都會生活。

槍獵犬／運動犬

槍獵犬是很受歡迎的寵物，整體而言，牠的名聲還不錯，非常適合作為家中的新成員。很多槍獵犬的品系還保有非常濃厚的工作慾望，這也讓牠們更加容易訓練，只要一點點刺激，槍獵犬很快就能自動自發達成目標。在這個族群中，絕大部分的尋回犬（Retriever）和獵犬（Spaniel）都喜歡用嘴巴銜東西，所以如果沒有給牠適當的玩具，牠們很容易亂咬家裡的其他東西。多數的槍獵犬都需要大量的運動，自由奔馳以活動筋骨，最好有一些泥巴和水，這樣感覺更親切！

獵犬

整體而言，獵犬有非常堅定的意志，當初育種的目的，就是讓牠們進行群體生活、一起追逐獵物；儘管獵犬通常對主人忠心耿耿，一旦讓牠看到都市裡罕見的公園綠地，可能頭也不回的狂奔而去！很多獵犬，特別是那些大型獵犬，像是漢密耳頓斯托瓦利犬（Hamiltonstovare）和尋血獵犬（Bloodhound）都是非常有名的逃脫專家，甚至能越過很高的圍籬。這個族群當中的所有品系，就算是小型獵犬，仍然保有非常獨立的個性，也就是說獵犬在早期就需要加以訓練，熟悉社會化的過程；特別是當飼主如果想讓牠們維持良好的生活品質，有機會出門解開牽繩放足狂奔，更要及早預作準備。

工作犬和牧羊犬

這個族群包含牧羊犬和追隨犬，這是為了協助人類趕牲畜，讓羊群集中在牧場間遷移所飼養的犬種；也包括其他工作犬，例如聖伯納（St Bernard）、西伯利亞哈士奇

（Siberian Husky）。牧羊犬族群當中有很多大眾所熟知喜愛的種類，像是邊境牧羊犬、伯瑞犬（Briard）、蘇格蘭牧羊犬（Rough Collie）。這類型的犬種大多具有追趕牲畜的天性，儘管在都市沒有羊群，不過牠們看顧或追趕的對象可能轉化成家裡的小孩、有慢跑或騎腳踏車習慣的飼主。在牧羊犬的飼育上要特別注意（包括其他工作犬），儘管在都市裡不可能有牧羊的機會，不過可以讓牠們把注意力轉移到新花招的學習和各種訓練課程，牠們對於飛球、敏捷訓練等各種運動都很在行。所有這類型犬種的幼犬都需要經由學習，誘發其追蹤的天性，這可以利用狗專用玩具或是大量而有趣的訓練課程來達成。

歸類在玩賞犬的比熊犬（Bichon Frise）是絕佳的家庭寵物，只要一次寵物修剪就能輕鬆維持造型。

梗

梗的反應快、膽大、具有強烈的求生本能，所以也很好鬥、固執、喜歡喧鬧；儘管這些行為會對飼主造成困擾，但是對梗來說，卻是充滿樂趣。以身高標準而言，梗算是比較矮小的品種，所以會被誤認為觀賞用小型犬，但事實卻完全不是那麼回事。年輕的梗犬需要大量的社交活動，尤其是和其他狗狗的互動。聰慧、敏捷、好動的特性，讓梗犬在世界各地大受歡迎，對於那些喜歡有個性的「酷狗」飼主具有絕對的吸引力。然而想要養梗的朋友可要有萬全的準備，除了投入時間精力在訓練牠之外，還要拓展社交，成為牠的俘虜！

玩賞犬

經由選種育種而成的玩賞犬主要是人類的伴侶犬，大多體型嬌小，甚至非常迷你。儘管如此，包裹在小小身軀裡的靈魂可是個性鮮明、活潑好動，在飼主能力所及的範圍內，玩賞犬都樂於配合相關活動。在這個類型裡面，最受歡迎的查理士王小獵犬（Cavalier King Charles Spaniel），活力四射，非常具有感染力，結實的體型與堅毅的眼神相得益彰。此外，有很多玩賞犬的品種都能加以訓練，其中以松鼠犬（Pomeranian）、蝴蝶犬（Papillon），以及從古至今都廣受歡迎的約克夏梗（Yorkshire Terrier）的等級最高。牠們不只能接受頂級訓練而已，有很多運動甚至專門為這些迷你犬打造，例如敏捷度訓練和服從訓練等。

功能犬／非運動型犬

一些難以定義的品種都屬於這個類型。一般來說，經由育種繁殖用來執行特定任務的功能犬，當初的任務已經因時代變遷而消逝，也就是說這些原來最具「功能性」的犬種在現今的社會紛紛失業，例如大麥町（Dalmatian）原來是用來追趕四輪馬車，增加行車速度。此外，有好幾種狐狸犬（Spitz）也歸類在這個族群，像是秋田犬、柴犬（Shiba Inu）、日本狐狸犬（Japanese Spitz）、德國狐狸犬（German Spitz）都會露出捲曲的尾巴，這也是這類型犬種的特性。在早期訓練讓牠們習慣指令的過程中，牠們依然保有部分天性，例如狩獵和保護等行為。

不同品種的優缺點

槍獵犬和運動犬（Gundogs/Sporting）	優點	缺點
拉布拉多（Labrador Retriever）	短毛，容易整理；個性穩定的家庭寵物	年輕時很活潑，需要大量的訓練和運動
可卡犬（Cocker Spaniel）	體型大小適合都市生活；個性活潑好動	還是需要追逐和尋回訓練；毛皮需要專業人士打理
史畢諾犬（Italian Spinone）	大型犬；成犬的個性穩定	毛皮很硬、非常堅韌，甚至會有味道；會有流口水的傾向

獵犬（Hounds）	優點	缺點
巴吉度獵犬（Basset Hound）	短毛；運動需求量適中	成犬體型大而重；健康容易出問題
布烈塔尼獵犬（Petit Basset Fauve deBretagne）	體型大小適合都市生活；個性開朗，容易訓練	需要非常可觀的運動量；容易因為氣味引發捕獵的天性
迷你臘腸（Miniature Dachshund）	可愛、活潑好動的寵物	身心都很敏感，如果家裡有小孩的話，要特別注意；要留意背部方面的疾病

工作犬和牧羊犬（Working/Pastoral）	優點	缺點
喜樂蒂牧羊犬（Shetland Sheepdog）	非常溫馴	長毛需要常常修剪；早期需要大量的社會化訓練，以適應都市生活；可能會對聲音很敏感
杜賓犬（Pinscher）	外表非常結實有型；適應力強的中型犬	可能會很吵；不喜歡主人粗魯的對待方式，如果家裡有小孩要特別注意
柯基犬（Corgi）	聰明、具有高度警覺性，體型大小適合都市生活；短毛、不需要常常整理	與生俱來愛叫的天性；因為意志頑強，訓練時需要比較多的誘因

梗（Terriers）	優點	缺點
西高地白梗犬（West Highland White Terrier）	非常迷人而聰明的小型犬，個性活潑好動	千萬別被牠迷你的體型所愚弄，需要大量的訓練和社會化過程，以避免牠吵鬧或脾氣暴躁；毛皮需要專業人士打理
貝林登梗犬（Bedlington Terrier）	外表就像小羊一樣，對生活品質很要求	需要定期修毛；也需要大量的運動和刺激

玩賞犬（Toys）	優點	缺點
松鼠犬（Pomeranian）	個性開朗活潑，體型小到可以裝在口袋裡；喜歡親近人	需要主人的陪伴，毛皮也需要常常整理
比熊犬（Bichon Frise）	個性明朗富感染力，非常迷人	毛皮需要專業人士打理
約克夏梗犬（Yorkshire Terrier）	就像一隻大狗裝在小一號的骨架裡	毛皮需要專業人士修剪打理；對於小朋友比較沒耐心
吉娃娃（Chihuahua）	可隨修剪程度而有平順或長毛等不同樣貌；體型小，個性溫和	不適合年紀輕的小朋友，帶牠外出需要有「保護措施」，不然可能會被踩到或受傷

功能犬和非運動型犬（Utility/Non-sporting）	優點	缺點
波士頓梗犬（Boston Terrier）	個性開朗而積極；體型小，很像鬥牛犬	有過動傾向，需要大量的身心刺激
法國鬥牛犬（French Bulldog）	超大的蝙蝠耳是牠最大的特徵；體型結實，短毛，非常有特色	容易發生遺傳性疾病，特別是過熱的情況下，可能會引發呼吸系統的問題
貴賓犬（Poodle）	體型大小可分3種；聰明活潑；不會掉毛	毛皮需要專業打理；也需要大量的訓練和運動（甚至是玩賞犬或迷你犬的品系也一樣）
西施犬（Shih Tzu）	活潑外向深具感染力；小型犬，非常適合都市生活	常常需要理毛

「設計師品種」

近百年來，育種繁殖的方向有著極大的變化。在以前，工作能力越強的狗狗越值錢，不過目前市場的考量，卻是完全以外貌、是否適合作為人類伴侶為導向。這樣的轉變，讓很多工作犬頓時失去工作；此外，單獨某些品種的特質也不適合作為寵物。基於上述理由，因而產生了所謂的「第一代混血品種」或「設計師品種」，飼主可以選擇具不同特質的親代進行混血，融和親代特質的下一代，更適合當作都會寵物。

更適應都會生活的新品種

在有計畫的培育下，選擇兩個品系的親代產生第一代混血種，這樣的子代會更適合都市生活，其體型特質會更理想，例如可以選擇傑克羅素犬和工作天性不那麼明顯的品種進行配對，像是查理士王小獵犬。理論上，這樣的親代組合所產生的子代，應該會融合二者的優點。

然而育種繁殖的過程還是小心謹慎些，在理想的狀態下，第一代混血應該是結合親代優點的夢幻組合，但是誰也沒辦法保證，子代究竟遺傳到親代的哪些特質！此外，用這種方式大多需要付出高昂的代價，而且同一窩幼犬的顏色和毛長可能會有很大的差異，類似這種情況，也無法預先知道幼犬長大之後，長毛是否會脫落變成短毛。也因此若你選擇飼養第一代混血品種時，就好像買樂透彩，不到最後關頭，根本不曉得會不會中大獎！但是你也不需要太過煩惱，因為你的混血狗狗絕對是獨一無二、世上絕無僅有！

混種的命名

英國女王伊莉莎白二世可能是育種的先驅，率先為「設計師品種」命名，她把自己的柯基犬和妹妹的臘腸犬（Dachshund）配種，生出的幼犬就命名為「柯基臘腸」（Dorgis）。關於設計師品種最有趣的莫過於命名，因為牠們取的名字通常很貼切，甚至有點好笑，北京犬（Pekingese）和貴賓的北京貴賓混種（Pekepoo）、迷你杜賓犬（Miniature Pinscher）和巴哥犬的杜賓巴哥混種（Muggin）、迷你雪納瑞（Miniature Schnauzer）和約克夏梗的雪納瑞約克夏混種（Snorkie），這些名字所引發的聯想，會讓腦海中自然而然浮現出這些狗狗的外型。

拉布拉多貴賓（Labradoodle）

第一代混血種裡面，最有名的當屬拉布拉多貴賓，這是由拉布拉多和貴賓交配所產生的混血種，其最初培育的目的是作為看護犬。因為一般的導盲犬會掉毛，有過敏問題的盲人會因此感到困擾，拉布拉多貴賓就不會有這方面的問題。這種混血種的外觀差異很大，短毛、捲毛、黑色、金黃色；而且牠們的行為表現通常也會不太一樣，有些很有規矩、非常溫和，有些則有過動亂吠的傾向。此外，並不是所有的拉布拉多貴賓混種都不會掉毛。

巴哥犬和米格魯的第一代混種，儘管不見得每個人都喜歡巴格犬，不過牠絕對是獨一無二的！

巴格犬（Puggle）

巴格犬目前是市面上最夯的混血種，結合巴哥犬和米格魯（Beagle）的優點，既是活力充沛的獵犬，也是可愛的玩賞犬，這樣的夢幻組合，讓牠的詢問度居高不下！典型的巴格犬非常活潑、個性甜美、可愛、聰明、愛玩；毛短而平順，顏色有淡黃褐色、棕褐色、白色、黑色或混色。巴格犬的皮膚通常皺皺的，這是遺傳自巴哥犬的特徵，雖然個人的審美觀不盡相同，不過對主人來說，巴格犬的美麗卻是無庸置疑的！

可卡貴賓犬（Cockapoo）

這是可卡犬和貴賓（通常是迷你型）的混血種。雖然經過多年的育種繁殖，但是可卡貴賓混種的毛色和型態還是有很大的差異，同一胎裡面可能有小捲毛、大波浪，甚至有不捲的。這種狗狗的個性非常活潑外向討人喜歡，通常為了好整理，會把牠的毛夾成像泰迪熊一樣。

從動物收容所挑選適合自己的狗狗

很多飼主可能都知道，從動物收容所或社福機構裡，選擇適合自己的狗狗，這是非常好的開始，你絕對不能把收養流浪狗，視為無可奈何的最後選擇！很多被棄養的狗狗，其實問題不是出在自己本身，都市生活造成的龐大壓力，對寵物和飼主的家庭都可能產生負面的影響。當主人開始過敏、家庭成員離異，或是因為搬家無法把狗狗帶走，都會讓狗狗流落到動物收容所裡面。

你的期望

如何從一堆可愛的臉龐、一雙雙憂鬱的眼睛裡面，挑選出適合自己的狗狗。這就好像選擇伴侶一樣，如果你只注重外表，可能很快就會跌入失望的深淵。當你出發前往動物收容所之前，記得多花點時間，仔細考慮一下，你理想中的寵物應該具備什麼條件。

如果你不介意收養流浪狗的話，在某方面來說，這比直接養幼犬來得好，因為牠們通常已經是成犬或青年犬，未來體型、毛長比較不會有出人意表的變化。這對都市生活而言，算是優點之一，因為飼主絕對不希望看到自己原先那隻乾淨整齊的都市小乖乖，長大後變成巨大的毛毛怪，佔據了像鴿子窩般的小公寓。然而如果你想要養混血種，最好先考慮牠可能會遺傳哪些親代特徵，混種比例高低絕對會影響其行為表現。例如獵犬混種可能比較喜歡追蹤、嗅聞，拉布拉多混種則需要可觀的運動量，飼主也要多花些時間進行訓練。

當你在下決定之前，多花點時間瀏覽狗舍裡的所有狗狗，狗狗的個性好不好？是否已經完全社會化？有時候狗狗會因為過度興奮和壓力，影響其行為表現，讓人很難驟下判斷。當牠擺動尾巴，不見得就是友善的表現，反過來看，吠叫也不一定就是對你示威！

小朋友和狗狗應該是最好的伙伴，在理想的狀況下，你所選擇的狗狗最好能真心喜歡跟小朋友在一起。

狗狗的正面反應

* 當你在狗舍時，狗狗試圖要接近你，身體抵著籠子或門把，想要跟你進一步接觸。如果你伸出手，狗狗還是跟著你，或是維持跟剛剛同樣的狀態嗎？
* 狗狗的身體看起來柔軟有彈性。
* 牠的臉部表情看起來很和緩，眼神不是直接注視著你（眼皮有點垂下，好像臣服在你腳下的感覺）。
* 狗狗的尾巴呈環型擺動（這通常表示牠很興奮），而不是往下快速擺動（這可能表示牠還不太確定）。
* 當你離開狗舍之後，狗狗還是會注意你。完全社會化的狗狗，會希望引起你的注意，並且彼此能有互動。
* 如果你有小孩的話，狗狗會喜歡跟他在一起，喜歡被撫摸。你的寵物應該是真的喜歡跟小孩作伴，而不僅僅是忍受罷了！

狗狗的負面反應

* 狗狗站得直挺挺的、渾身僵硬，稍微往後退，對著你吠。
* 牠露出牙齒，眼睛直視，瞪著你。
* 牠好像要一口咬住你（把嘴巴張開好像要咬你，不過牙齒並沒有用力），儘管這只是因為牠想跟你玩。
* 牠根本沒注意你。千萬別誤以為牠是因為被關在籠子，所以對任何東西都提不起興致；完全社會化的狗狗，如果有人注意牠的話，應該會很興奮；要是你摸牠，牠會很享受，希望你能多摸幾下，絕對不會走開而不理你。
* 千萬不要因為狗狗看起來很可愛，或是牠能勾起你美好的回憶，就把牠帶回家。
* 當你已經決定要選哪隻狗，最好詢問相關人員能否帶牠出去。你帶著牠不僅僅只是散步而已，你可以試著坐下來，觀察牠的行為，牠需要多久才會靜下來？牠是不是真的喜歡跟你在一起？這應該是你和狗狗之間美好關係的開始，所以很值得多花點時間，確認一下你是不是作了正確的選擇。

第二次機會

選擇比較大或上了年紀的老狗有個很大的優點，牠們能很快融入規律的都市生活。這類型的狗狗通常會有所謂的「第二次幼犬期」，如果能給牠們機會，在充滿愛的家庭裡再次重生，比起不守規矩的幼犬，你不需要花太多心思訓練，牠就能適應新生活！

愛犬的年齡和性別

一般人都誤以為都市生活只適合年輕的狗狗，如果你也這樣想，那可就大錯特錯了！幼犬期的狗狗雖然精神飽滿、充滿活力，但是為了要適應都會生活，牠要學的可多著呢！牠必須先行適應在都市裡面可能遇到的各種狀況；不只如此，從現在起，就要加緊訓練，才能讓牠融入你個人的生活。然而，你最好能事先想清楚，步調飛快的都市生活，對不同年齡層的狗狗，會造成什麼影響。事實上，不只是幼犬，進入青春期或年紀比較大的老狗，也能很快融入都會生活！

狗狗也有青少年反抗期

一般人都知道，如果自己的小孩進入青春期，他們會開始測試你的底線，自我膨脹、行為乖張，當然狗狗也有同樣的情況。牠會因為荷爾蒙分泌、快速生長、想要獨立的自我意識等，在種種因素的驅使下，導致牠想把你推開（對象也可能是其他狗狗），這時候你可要有心理準備，因為吾家有「犬」初長成了！

在這個階段，公狗會覺得自己長大了，當牠遇到其他公狗時會上前挑釁，如果你沒有加以制止，牠就會認為這種行為是被允許的，久而久之就會養成習慣，這種反社會化的行為，將來很容易成為都市裡面潛藏的危機。根據獸醫師的臨床經驗，通常會建議飼主，在 6 個月到 1 歲之間，幫狗狗結紮。

母狗第一次發情通常在 7 到 14 個月之間，最開始的徵兆是牠在戶外小便的次數會越來越頻繁，把自己的氣味留給公狗追蹤。在這段期間，母狗對公狗具有致命的吸引力，和週遭其他母狗的關係也會很緊張，也就是說如果帶牠出門的話，很容易發生問題，要是附近有流浪狗，情況會更慘。目前大部分獸醫師的意見，比較贊成在母狗第一次發情之前或 3 個月之後就結紮，避免意外生出一窩小狗，造成飼主的困擾。

步入中年的老狗

一般而言，小型犬會比大型犬長壽，有的可以活 16 到 18 年，甚至更久；然而超大型犬的話，8 到 9 年就差不多老到走不動了；像是拉布拉多和黃金獵犬這種大型犬，平均壽命約 13 到 14 年左右。

不管狗狗幾歲，你都要幫牠維持最好的生活品質，除了食物和運動之外，讓牠保持心情愉快也很重要。

2. 試著理解狗狗的語言

學會和自己的狗狗溝通

飼主的工作除了餵飽狗狗之外，還要學習如何「閱讀」狗狗，試著和牠溝通，讓牠平平安安過生活！你最好能多理解牠的生理需求和情緒反應，並且盡量舒緩牠的壓力；對牠而言，都市生活已經是困難重重，如果你又沒辦法理解牠，只怕牠的日子會更難過，所以你還是多花點心思，學學如何和自己的狗狗溝通吧！

學會狗狗的語言

或許你已經發現了，狗狗的語言非常微妙複雜；儘管牠無法言語，卻會利用很多不同方式彼此溝通，或向主人表達自己的情緒和慾望。把學習「狗語」當作第二語言非常重要，這樣才能避免誤解，也才不會讓你苦心培育的心血毀於一旦。特別是大都市裡的狗狗，飼主應盡量避免讓牠承擔過多壓力，否則在日後可能會造成非常嚴重的問題。為了狗狗的幸福，也為了維持你和牠之間的美好關係，你最好能試著學習如何和牠溝通。

狗狗幾乎無時無刻觀察著人類，牠們是這方面的專家，能夠神準地預測主人的行為、日常生活習慣，甚至是心情變化。事實上，有些狗狗經由學習，還能預測主人出門的時間、訪客抵達的時間。這可不是因為狗狗擁有神奇的第六感，主要是牠們的觀察能力很強，能夠察覺到我們行為上面非常細微的變化，藉由此推測即將有事情要發生了！也因為狗狗敏銳的觀察力，有些犬種甚至可以訓練成為癲癇病發作的偵測犬，在發作前一小時就能準確預知，讓癲癇病患有時間尋求醫療協助。

包含各種訊息的信號

所有的狗狗彼此都會使用眼神溝通，牠們也是用這種方式和人類溝通。直接面對面的瞪視，對狗狗來說有點挑釁的意味（對人類也是一樣，當別人瞪著我們看，當然會覺得不舒服）。因此，有些狗狗不喜歡用眼睛直視主人，牠們會有禮貌的讓視線稍微偏一點。然而有些比較老派的訓犬師，卻抱持不同的看法，他們認為這樣是表示狗狗不順從。

如同我們需要學習理解狗狗，如何運用肢體語言傳達訊息，反過來狗狗也需要學習理解人類，理解我們所使用的口令和手勢所蘊含的意義；這必須要及早訓練，從社會化的過程就要開始。牠們漸漸會發現，人類在笑的時候，雖然會露出牙齒，不過並沒有挑釁的意味；當我們擤鼻涕、大笑時，可能會很大聲，但這也不是威嚇的表示。

很不幸的，狗狗和人類之間的誤解，常常會導致悲劇、創傷，甚至攻擊性的行為。一般人都會以為，狗狗搖尾巴是因為牠很開心，事實上，狗狗擺動尾巴的方式有很多種，分別代表不同的含意，其中一種情況可能因為是牠想咬人，但是又有點遲疑，藉由搖尾巴表示心中的不確定感。人類常常誤會狗狗的表達方式，將自己的想法加諸在狗狗的身上，把牠害怕的樣子，誤以為是因為知道自己做錯事，所以產生罪惡感，但這其實是人類才有的情緒，牠真的已經知道自己做錯了嗎？牠真的不會再犯了嗎？還是牠只是單純的害怕而已？

有一些犬種因為身體構造的關係，很難解讀牠們的面部表情，這不只對你來說挑戰性很高，對其他狗狗也是一件苦差事！

全球共通的語言

不同品種的狗狗，似乎都會使用相同的語言，但是有時候卻因為身體構造的關係，偶爾會有擦槍走火的狀況。例如有些狗狗的尾巴或耳朵會被修剪，所以很難確實表達自己的想法，這是因為身體構造的改變，限制了牠們溝通的能力。當狗狗因為身體構造的限制，所以耳朵或尾巴會豎起來，看起來好像要威嚇其他狗狗的樣子，但其實牠們心裡很平靜、根本沒有攻擊的打算。有趣的是，全世界的狗狗，好像都使用共通的語言，住在東京的狗狗，也可以理解住在巴黎的狗兄弟，一點溝通的障礙都沒有！

狗狗的情緒變化

有養狗的朋友應該都知道，動物會有自己的情緒，容易被環境所影響，牠的心情好壞也會反映在行為上。試著想像一下，如果你要訓練一隻德國牧羊犬，希望牠不要在前門亂吠，不過在那當下，牠已經有好幾天沒有出門活動筋骨了。由上述例子可以很明顯的解釋，為什麼情緒狀態會影響狗狗的注意力、學習成效以及衝動時的自我克制力。

這種情緒性的反應可能很明顯，但是有些研究人員卻指出，狗狗心情起伏所牽扯的問題更廣泛。然而這當中還存在一個根本的問題，因為在探討動物的情緒變化時，很難避免不把人類的基本信仰、價值、判斷加諸在牠們身上；我們所觀察到的，也許不只是表面上看起來那麼簡單。綜合上述說明，你應該已經了解，在探討動物行為時，不要驟下判斷，最好能廣泛蒐集各種證據和資訊，狗狗的肢體語言、可以觀察到的行為，將這些資訊整合之後再下結論，究竟自家的狗狗心情是好還是壞呢！

什麼原因讓狗狗很高興？

對很多狗狗來說，連續性的體能活動會讓牠們很興奮，像是傑克羅素犬非常喜歡跑步，牠純粹只是為了跑步而跑步；此外，牠也喜歡跳上跳下的，牠覺得這樣很好玩。這樣的行為可能是表示牠很開心，但是反過來也可能是因為這些活動讓牠開心，所以牠才跑來跑去、跳來跳去。也因為這樣，你務必要讓狗狗有機會多運動。活潑好動的大型犬當然比玩賞犬需要更多的體能活動，但是對所有狗狗來說，運動不只能享受到自由的氛圍，也會讓身體更健康！

以更深入的角度來看，會讓狗狗開心的原因通常與牠的品種有關，舉例來說，牧羊犬喜歡追蹤、槍獵犬喜歡尋回、梗犬喜歡亂挖、獵犬喜歡追蹤氣味。如果你的狗狗是混血或雜交種，或許可以試著觀察牠到底比較偏向哪一種，是獵犬呢？還是牧羊犬？（請參閱 16-19 頁關於品種特質的相關資訊。）

在都市裡創造各種可能性

現實環境總是無法滿足所有人的需求，很多狗狗喜歡的活動並不適合都會環境，像是追蹤、放牧這些行為，在都市裡面根本就不可能進行。也因為如此，飼主需要多發揮想像力，在公園裡面布置一些場景，讓狗狗能夠在掌控下進行這些活動。例如追飛盤、咬飛盤的遊戲，就可以當作狗狗追蹤、圍捕、丟出銜回的另一種發洩管道。此外，這個活動還有個附加的好處，因為狗狗嘴巴必須咬著飛盤，在同一時間也沒辦法隨便亂吠。

儘管生活在都會裡，還是要讓狗狗有機會能展現天賦、活動筋骨，而我們也能因此得到回饋，提升自己的生活品質。為了達成這個目標，我們首先要了解牠的情緒變化，才能知道如何讓牠得到真正的快樂！

請主人多愛我一點

大部分的狗狗都喜歡被關愛的感覺，也很享受被輕輕拍打和撫弄，尤其是胸部和臀部最敏感；牠們會慢慢接近你，把頭靠在你身上，溫柔的眼神斜斜的往上看著你，希望你能摸摸牠的胸部、臀部。然而很多狗狗卻不喜歡被拍頭，不過這卻是生活在都市裡，牠們必須學會忍耐的一部份，因為在路上遇到的陌生人，常常不會先徵詢主人的同意，便逕自走向狗狗拍拍牠的頭。

為了幫狗狗習慣這些，有一個好方法可以供你參考，你可以在給牠食物的時候，趁機摸摸牠的頭和背，這樣牠對人類的手會有比較正面的感受。你甚至可以把這個部分融入訓練遊戲當中，這樣狗狗就自然而然會把撫觸和食物獎勵聯想在一起，特別是小朋友伸手觸摸牠時，也比較不會抗拒。

狗狗喜歡人類怎樣對待牠，會因個體而有所不同，有些樂於被撫摸和輕拍，有些比較偏好讚美和遊戲。飼主要仔細觀察狗狗的反應，看牠究竟喜歡什麼。

溝通課程

你可以把「狗語」當作一種外國語言來學習，這不但需要時間耐性，也需要持續觀察自己的狗狗，才能看到一些牠身上的細微變化，拼湊出狗狗真正的樣貌。不過，實在非常遺憾，大部分的飼主鮮少會去注意這個部分。整個學習過程有助於提升你和寵物的溝通技巧，這也會讓你和牠的關係更加深厚。

躬身遊戲

狗狗想要玩這個遊戲時，會有個非常明顯的起始訊號，牠會把頭部和胸部向地板靠，肘關節貼著地面，不過臀部和尾巴則會高舉向著天空，這時候牠會擺出一副「想玩」的表情，收起下巴，臉稍微轉向旁邊。不過這種訊號通常會被飼主誤解，以為這是狗狗發動攻擊的動作！但是會發生這種誤會其實也是可以理解的，因為這個訊息對狗狗來說，就是表示一連串捕獵行動的開始，不管是幼犬或成犬擺出這個姿勢時，都是因為想要玩追逐遊戲，接著牠就要發揮自己與生俱來的捕獵長才！

腳爪抬高

這個簡單的姿勢源自於幼犬期，剛出生的幼犬會揉搓狗媽媽的腹部，刺激母乳分泌，這逐漸演變成可以讓牠平靜下來的動作。然而很多狗狗學會把這個訊息轉變成跟主人溝通的利器，當牠們需要人關懷的時候，就會用這個姿勢吸引注意力；很多被撞倒的咖啡杯，都已經親身實證過這個動作的威力！

很多狗狗也會把腳爪抬高，表示牠想要和其他狗狗玩的意圖。

但是如果進一步來看，牠揮出聚力萬鈞的一掌，可能會把另一隻狗撂倒，如果狗狗把腳掌放在另一隻狗的肩膀，這也有表示挑戰的意思。有一些成犬會利用有力的腳掌，約束調皮亂跑的幼犬，牠會把牠們限制在腳掌能掌控的範圍內。

一般而言，狗狗往上跳是一種友善的表現，因為這樣才能夠引起飼主的注意力。然而，這實在令人有點困擾！請參閱108-109頁，如何解決狗狗喜歡往上跳的問題。

往上跳躍

這也許這是最容易造成問題的動作，往上跳通常是友善的表示，狗狗試圖想要接近人類的臉孔，牠一跳起來就可以舔到對方的臉，或跟對方的眼神有間接的接觸。這個動作也是源自於幼犬期，因為牠想要從成犬嘴巴裡分一點食物，就會用舌頭舔父母嘴巴周圍。當牠們把對象轉換成人類，就必須要跳起來，才能到達我們臉部的高度。

然而，跳躍還可以細分很多不同的形式。一種是希望藉由跳躍獲得更多的關愛，這是比較友善的，所以會用比較「軟性」的方式；儘管如此，還是會對我們造成壓力和困擾。這種形式的跳躍通常迂迴搖擺，不會直接就跳上來，力道也不會很強。其他的跳躍形式含有比較濃厚的「測試」意味，狗狗利用自己的體重把人彈開，這就不是友善的表現，也不是單純的社交行為，通常會有這種行為的狗狗不是過動就是表示牠很緊張。

搖屁股

臀部搖擺的動作通常在狗狗玩遊戲時可以觀察到，德國牧羊犬是其中的佼佼者，牠很喜歡來回擺動臀部，用屁股最後面的部分輕輕敲擊其他同伴（有時候力道還不小）。這是一個非常明顯的遊戲訊號，因為對狗狗而言，後方的臀部不具有威脅性，在牠搖屁股的時候，似乎正在對玩伴說：「看，這裡沒有牙齒！」

此外，狗狗也會把屁股對著人類，藉此吸引注意。這個意圖會因為犬種和當時的情況而有些微的差異，例如有些狗狗把臀部露出來，是希望你能幫牠抓一抓，這表示牠是無害的，而且非常信任你；然而其他狗狗可能會有不一樣的想法，「我現在允許你幫我抓屁股！」一旦當牠走開，就表示已經抓得差不多了。

打哈欠

人類打呵欠的原因有很多，這可能是為了吸入更多氧氣，或是表示壓力、難為情或純粹太過無聊。造成狗狗打呵欠的因素也很多，其表示的含意會因情況而異；有趣的是，人類打呵欠會有傳染性，狗狗打呵欠也會影響其他同伴。如果飼主在狗狗面前打呵欠，牠可能會有下列反應：其中一種情況可能是牠以為你正處於壓力下，所以牠會轉身或逕自離開你；另外，牠也可能跟著你一起打呵欠！狗狗和其他生物窩在一起的話，通常會引發所謂的「呵欠波」，只要一開始打呵欠，就會一個接著一個，此起彼落的呵欠連連。

當狗狗打呵欠是發生在訓練期間，或是在都市裡遇到其他人的時候，這可能表示牠覺得困惑或受到威脅。若狗狗在訓練期間或外出時發生這種情況，你最好稍微停下來，試著回想一下，自己的方法是否出了問題，什麼原因讓狗狗感到壓力；也許是牠欠缺一點自信，還沒辦法面對一些社交場合。

舔

當狗狗感到壓力或面對威脅時，除了打呵欠之外，通常還會舔嘴巴周圍。這和腳掌抬高的動作一樣，都是源自於幼犬吸食母乳的行為，等牠稍微大一點，會舔其他成犬嘴巴周圍，跟牠們要東西吃。當幼犬遇到其他成犬時，常常會出現這種行為，特別當牠覺得不安全時，更容易發生。偶爾有些幼犬會把這個習慣帶到青春期，牠們會舔自己主人或其他狗狗，但是有時候過度激烈的動作常會惹惱對方。

等牠再長大一點，舔的動作也可視為性行為的一部分。有某些狗狗，特別是成犬，當牠發現草皮或地毯上遺留的氣味，或是其他狗狗的生殖氣味，這時候幾乎完全無法控制自己，忍不住就會流口水，牙齒也會格格作響，用舔的方式蒐集這些化學物質留下的訊息。這種動作主要是讓狗狗的賈克布森氏器（Jacobson's organ）發揮作用，分析其他狗狗留下的訊息；賈克布森氏器是狗狗位於口腔上方的特殊器官，可以讓牠們同時以味覺和嗅覺的方式，感受化學粒子的變化。

翻滾

試著回想一下，你們家狗狗翻滾的動作。大部分的飼主可能會假設，這是狗狗希望主人能搔搔牠的肚子，或認為這是狗狗服從或讓步的表示。上述的假設可能都是對的，然而這種行為也可能是狗狗消極抵抗的反應。這最常發生在槍獵犬身上，當牠企圖想要防止一些威脅性的事物或動作時，就會間接表現出一種防禦性的抵抗。在接受獸醫檢查或是主人幫牠剪指甲時，也許就會出現這種反應，牠會往後翻，用腳把主人推開；如果沒辦法達到目的，槍獵犬甚至會突破禁忌，用嘴巴阻止飼主接下來的動作。在這種狀況下，狗狗也許看起來很可愛，好像在跟你撒嬌，當牠起身之後，也會馬上使出其他的遊戲策略，讓你沒辦法繼續剛剛的動作。

改善狗狗漏尿的行為

有些狗狗儘管已經訓練過了，但還是會不小心漏尿，通常這種情況可能是因為遇到陌生人，或是歡迎新的家庭成員返家時，所出現的反應。當你帶狗狗出門，在市區的活動中心遇到人，跟對方禮貌性的打招呼時，突然遇到這種狀況，會感到特別難為情。整體而言，隨著狗狗成長，對於環境的自信心提升、身體漸漸成熟，牠會慢慢擺脫這種行為。然而有些時候可能會因為其他人過於壓迫性的招呼方式，讓牠不小心破戒，因為這些人不曉得這樣的行為會嚇到狗狗。在路人經過你和狗狗時，盡量避免眼神直接相對，你也可以隨身攜帶一些食物，當作牠跟路人打招呼的獎賞，這種方式對於改善漏尿的行為會有很大的幫助。

翻滾通常會被誤認為是狗狗屈服的表現，然而實際上可能是牠想推開飼主，表示消極的抵抗。

小心你的身體語言

就算是使用相同的語言，彼此還是會產生誤解，更何況和狗狗直接溝通，這個目標的確非常有挑戰性。很多一般狗狗常見的行為問題，都是源自於人類和狗狗之間的誤解，所以越了解彼此間的差異性和相似性，越能避免這些問題。

搖尾巴

一般人都以為狗狗搖尾巴是表示快樂和友善，但是事實真的是如此嗎？很不幸的是，並不是所有的情況都是如此。尾巴的位置高低、搖擺的速度、當時的情況等因素都會影響答案，必須綜合考量所有條件，才能了解狗狗真正的意圖，而且搖尾巴不見得都是狗狗正面的情緒反應。

尾巴位置會因為不同品種的身體構造而有所限制，然而當狗狗的尾巴往上豎起通常是自信的表示，這時候的牠是肯定的，或是非常興奮的。如果尾巴是維持在中立的位置，也就是跟身體平行或稍微比身體低一些，這是表示牠覺得放鬆、友善、安全。尾巴要是往下垂，甚至在兩腿之間，常常是表示緊張、不確定或是恐懼。令人難過的是，很多被狗狗侵犯的受害者都表示，當狗狗咬人時居然還在搖尾巴，在這種狀況下，牠應該不是在享受攻擊的過程，而是因為不確定感或根本搞不清楚狀況。

擁抱和愛撫

很多愛狗人士養狗，其中一個理由就是希望能和狗狗保持親密的接觸。然而狗狗可能很難理解我們抱牠是因為喜歡牠，特別當牠還不知道這是人類友善的表達方式，所以會因此覺得莫名其妙。幼犬尤其不喜歡被緊緊抱在懷裡，牠可能會用身體扭動、哀哀叫，甚至咬人的方式表示反抗。

在野外，幼犬身體被限制無法自由行動，只有二種可能性，牠可能被敵人抓住了或是落入陷阱，不管哪種情況對牠而言都很恐怖，牠需要極力反抗才能快點脫離險境。很多家庭寵物已經明白這種人類的接觸是很愉悅的，不過還是需要一段時間學習適應。

擁抱的動作對人和狗狗來說有二種意義，圖中的小女孩高興的把狗狗摟在懷裡，但是狗狗卻一點都沒有享受的感覺。為了安全起見，最好不要讓小孩把臉靠近狗狗。

3. 神經緊繃的第一夜

打造適合寵物的家

你正計畫養狗，全家人都很興奮，但是千萬別忘了如果你能在現階段預作準備，可為日後省卻不少麻煩。寵物安全是其中最重要的一環，務必要記得，幼犬幾乎會把所有東西當成食物放進嘴巴裡，所以一定要把牠能力範圍內可取得的有害物品移開，為寵物打造一個安全環境。

安全第一

先試著從幼犬的角度環視家中環境，逐一視察房間，特別要注意那些牠可能吞下肚子或啃咬的東西，以及那些可能會掉下來打到牠造成傷害的物品。幼犬對於行進路線上隱藏在平面、立面的危機障礙都缺乏概念，特別是在都市環境裡，牠也不知道要遠離熱源，所以飼主在早期就要未雨綢繆。

廚房

廚房最有可能是寵物主要的活動空間，這裡對牠而言是很理想的環境，因為它通常是居家中心而且非常容易清理。不過還是要注意，廚房矮櫃裡可能會放清潔劑、清潔用具或一些化學製品，這些可能都對幼犬有害；如果幼犬啃咬水電管線，更可能會致命。有些看起來無害的食物對狗狗來說可能有毒，一般人絕對想不到巧克力、洋蔥，甚至葡萄乾對狗狗都是有害的。

客廳

地毯、座墊、遙控器都很容易變成幼犬的啃咬玩具，有一些室內植物例如蕨類和鵝掌藤（Schefflera arboricola）這類植物可能會有毒，

任務開始！幼犬都很喜歡探險，所以飼主要打造一個安全的環境，隨時注意牠是否有異常行為。

所以還是暫時搬到高處，遠離狗狗可能經過的路線。

浴室

要特別注意浴室櫃子裡的東西，幾乎所有的處方用藥和其他多種藥片，像是止痛劑、止咳藥，只要一點點劑量，對狗狗來說都足以致命。

臥房

臥房裡面除了管線之外，也要小心其他化妝品和美容用品。很多狗狗似乎都很喜歡玩髒衣服，臨床獸醫常常接獲病例，將幼犬吞下的襪子動手術取出。尤其是兒童房間更危險，因為一些塑膠玩具和橡皮筋、筆、髮圈這些小東西，對幼犬來說都有著致命的吸引力，牠們可以在地板輕易找到這些東西。

陽台和樓梯

幼犬對於高度還沒什麼概念，也因為缺乏警覺性，所以很容易就從樓梯或陽台摔下來；在都市裡面，很多人都住在公寓裡，對狗狗來說尤其危險。事實上，只要一扇打開的窗戶就足以吸引狗狗靠近，看看外面究竟是什麼樣子。飼主最好裝上嬰兒欄杆或百葉窗，以防止狗狗偷跑到街上或從高處落下發生意外。

花園和車庫

花園或後院可以讓狗狗在那裏消磨很多快樂的時光，然而一些有毒植物、昆蟲、存放在倉庫或車庫的化學用品，對狗狗來說卻很危險。當牠在這些地方玩耍時，一定要有人在旁監看，避免牠把一些不適當的東西吃下肚，造成無以挽回的遺憾。如果家裡有水池和游泳池的話尤其危險，當幼犬不小心落水，可能很快就會掙扎到虛脫，最後還是沒辦法脫困。

騰出時間

當你剛開始把狗狗帶回家時，一定要花點兒時間跟牠相處，建立良好的關係，幫助牠安定下來，讓牠養成好習慣以適應家庭生活。如果可能的話，你需要請假幾天來處理這些事情；然而在這段期間，也必須讓狗狗有短暫獨處的機會，因為如果牠一直待在你身邊，可能會造成牠過於黏人，當你要再度回到工作崗位時，就會產生很大的問題。

當你在處理一些瑣碎的家務事時，試著把狗狗放在牠專屬的箱子或室內狗籠（參閱42-43頁），或是關在嬰兒護欄裡，你和牠分處於不同的房間，讓牠開始學習獨處也是日常生活的一部分。

接狗狗回家

每一隻幼犬都是獨一無二的，有些來到都市裡的新家時渾身充滿自信，有些則需要多一點時間來獲取安全感。但是你千萬不可以被假象所蒙蔽，牠在家也許看起來非常勇敢，但這絕不表示帶狗狗外出進到大都市裡，牠也是那麼勇敢。不管狗狗剛開始的態度如何，你一定要多花點時間，讓狗狗在家安定下來，建立自信。

獲得自信

對大部分的幼犬而言，離開母親和兄弟姐妹是非常重大的改變，如果牠來自安靜的鄉下，驟然轉換到都市環境，牠的情緒反應會更複雜。當你把狗狗帶回家的第一天，不要安排太多活動，讓幼犬熟悉和你在一起的感覺，也讓牠多認識家中環境和每個家庭成員。千萬要小心，家中小孩太過熱情的舉動可能會把狗狗嚇壞了，一定要等狗狗安頓下來，過幾天朋友才可以來家裡探視。

千萬別對幼犬第一天的表現有著太多期待，或許牠之前的主人已經有教牠一些家庭生活的規矩，但對幼犬而言，不同環境就是一個全新的世界，牠需要多一點時間理解，如何將之前所學融入到新的生活裡（參閱 46-47 頁）。

老狗和好狗

如果你家裡已經有一隻比較大的狗狗，務必要記得新舊狗狗第一次的接觸非常重要，如果可能的話，或許你在接幼犬回家時，可以把家裡的大狗也帶去，讓牠們在不屬於任何一方的地盤見面，會比較容易接受彼此。因為大狗可能認為新來的幼犬，會威脅到牠原來的家庭生活，因而產生捍衛自己領域的老大哥心態。

一旦回到家以後，千萬要隨時監控兩隻狗狗的動態，確保幼犬不會對大狗過度糾纏。如果牠真的不知好歹，大狗也沒有試圖阻止，會給牠留下一個錯誤印象，以為這種行為是被允許的，因而導致牠對其他狗狗也會產生同樣的行為。在牠還沒長大之前，如果到公園玩耍遇到其他狗狗，這可能會讓牠陷入危機。若是家裡原來的大狗沒辦法約束新來的幼犬，這時候你勢必要介入處理，阻止牠過度騷擾的行為。這樣的干預應該要經常且持續，但是卻不需要用處罰的形式，只要用「住手」這類的口令，中斷牠捉弄大狗的行為。你可以藉由玩具狗骨頭分散牠的注意力，或是把牠放在牠專屬的箱子或關在嬰兒護欄裡面，讓牠藉機冷靜一下。

有趣的是，當家裡原本已經有一隻大狗了，如果再加入一隻幼犬，這時候反而應該要增加幼犬與其他狗狗相處的機會，不然牠會太黏家裡原來那隻狗狗，對於未知動物會更害怕。而且牠必須自己獨力完成這項任務，牠的新朋友不能在旁邊幫他壯膽。也就是說你要分別帶兩隻狗狗去散步，盡可能多安排幼犬的都市探索之旅，讓牠有機會遇到其他狗狗並和牠們打成一片。惟有在現階段多投入一點時間在幼犬身上，牠以後才能靠自己四隻腳站起來，真正的獨立！

其他動物

幫幼犬引見貓咪或其他寵物時，不管是自己家裡或其他人的，事先都要小心的計畫，確保牠們能夠和平相處。受限於都市狹窄的生活環境，

大部分的成犬對新來的幼犬都會很溫柔，如果情況允許的話，牠們第一次見面的地方最好安排在中立地帶，完全不屬於任何一方的地盤。

你可能和鄰居以及他們養的寵物都住得很近，所以如果有機會的話，最好還是把鄰近的寵物介紹給家中的幼犬認識。

貓咪通會跳到高處閃躲，為了避免幼犬追著貓咪跑，你應該要特別注意，才能確保牠們剛見面那幾分鐘是安全無害的。你可能需要把貓咪放出籠，或是利用像嬰兒護欄這一類物理性阻隔。如果幼犬對貓咪沒有興趣的話，你可以讚美牠或給牠食物，獎勵牠這種正確的行為表現。如果幼犬想要追著對方跑，就要用牽繩把牠綁著，避免這種情況發生，所有過程都要在你的監督之下進行，盡可能多製造一些讓牠們短暫相處的機會。

家裡還有其他寵物

養兩隻以上的狗狗當然會有雙倍的樂趣，但是這也表示加倍的責任！你需要花很多時間陪伴幼犬玩耍，訓練牠不需要依靠大狗，自己獨立；此外，你也需要帶牠單獨出門培養良好的社交技巧。然而在此同時，你還是要帶家裡原來的大狗出門散步、訓練牠，給牠足夠的關愛，避免牠們像兄弟姐妹般爭寵，彼此互相排斥。

和狗狗相處的第一夜

幼犬剛脫離有媽媽和兄弟姊妹圍繞的安全環境，牠到新家的第一晚，沒有來自家庭成員熟悉的聲音和味道，會讓牠有點緊張，牠可能會哭泣、哀嚎、亂吠。有很多方法可以讓幼犬覺得舒適點，但是千萬別忘了，一旦壞習慣養成了就很難糾正。以下將簡單列出一些應該和不應該做的事情。

應該要做的

*上床休息

要為你的狗狗提供一個專屬的、溫暖舒適的窩，不需要太過花俏或很貴，但是擺放的位置要很小心，不能放在家人出入頻繁的通道上。幼犬就像小嬰兒一樣，剛來的前幾周需要大量的休息，如果剝奪了牠的睡眠時間，脾氣可能會變得很暴躁。最好能夠準備牠專屬的箱子或室內狗籠（參閱 42-43 頁），因為這種設施能為幼犬提供全方位的保護，只要使用得當，在步調飛快的都市生活當中，將成為牠專屬的小小天堂。

*舒適的休憩站

務必要確認幼犬在上床睡覺前已經上過廁所了，很多幼犬會因為新環境，全然陌生的聲音和光線，一下子對牠造成太大的刺激，所以會很煩躁不安，甚至帶牠到室外上廁所時，還搞不清楚狀況。也因此你要多點耐心，在晚上牠安頓下來之前，要確保一切都很舒適。因為幼犬的膀胱很小，再加上牠還沒有足夠的自制力，尤其是小型犬的忍耐度又更低，所以飼主一定要有晚上起床的心理準備，把幼犬帶到室外上廁所，不然至少也要早點起床。此外，你也可以使用狗狗尿墊，把那種吸收尿液的墊子平鋪在地板，就像小盤子一樣，現在市面上都買得到這種尿墊。如果你住在都市的公寓或沒辦法很快的把狗狗帶到室外，這種墊子可是讓牠習慣居家生活的好幫手；不過這種輔助工具的使用要特別小心，為了避免過度依賴尿墊，你還是要逐步引導幼犬到外面上廁所。

*短暫的睡眠時間

你可以試著在白天幫幼犬安排睡眠時間，雖然這聽起來有點奇怪，不過因為幼犬對新家的睡眠環境不熟悉，通常頭幾個晚上會睡不安穩，所以白天時如果幼犬看起來有點想睡的樣子，就把牠放在晚上要睡覺的窩裡面，然後把牠留在那兒不要吵牠；如果牠哀嚎、哭泣或是亂吠，也不要理牠，直到牠睡著了。用這種方式不但可以讓牠在白天補充睡眠，也可以讓牠更熟悉自己的小狗窩。

＊眼神接觸

把狗狗的床或籠子放在房間其實不會產生什麼大問題，除非你能提供更好的地點，讓你和牠能一直保持眼神或聲音的接觸。不管怎樣，狗狗是群居動物，當牠覺得自己被孤立了，心裡會很不好受，特別是在新家的首夜，周遭環境都很陌生。如果你不希望幼犬長大後還繼續待在你的臥室或離房間很近，可以在幾個晚上或幾周之後，慢慢把牠的窩或籠子搬到遠一點的地方，最後再移到牠長大後你希望牠睡覺的地方。

不應該做的

＊一起睡

千萬不要把幼犬放到自己的床上，也不能允許小孩子跟狗狗一起睡；這樣也許頭幾個晚上會很好玩，不過幼犬將來會很依賴這種親密的接觸，牠會希望永遠能跟你們睡在一起。

＊處罰

如果幼犬一直亂吠、哀嚎、悲鳴，不讓你靠近，你也不能對牠大聲咆哮或發脾氣。牠會有這些行為只是因為牠很不安，如果你對牠有任何明顯的侵略性動作，只會讓情況更嚴重。反過來，你應該盡量讓自己不要激動，把牠放回自己專屬的小窩，不要管牠，直到牠入睡。

幼犬都很依賴媽媽和兄弟姊妹，這讓牠覺得很舒適、充滿安全感。在牠離開親人之後的前幾天和前幾晚，你要多些耐心和體諒！

按部就班訓練狗狗把籠子當作自己的專屬空間

教導狗狗待在室內籠子或箱子裡是個兩全其美的好辦法，這不但避免家裡被破壞，同時也可以確保牠的安全。經由適當的引導，對狗狗而言，室內的籠子就不再是限制行動的監獄，反而是牠溫暖舒適的狗窩，也是忙亂的都會世界裡的最佳避風港。

對於生活在都市的幼犬和從收容所領養的狗狗而言，籠子的訓練都非常適合。一般來說，狗狗很少會在自己睡覺的區域便溺，所以好好布置狗籠作為狗狗睡覺的床鋪，不但可以讓牠比較輕鬆沒壓力，也會更快適應家庭生活。現在很多籠子的設計，在不用時可以收納成扁平狀，對於旅行或是都會家庭平常使用都很方便，特別是在比較忙碌的時期更是飼主的好幫手，一旦沒有用到的時候，可以馬上收起來，不會佔用太多空間。

尺寸要多大？

籠子的空間要夠大，讓狗狗可以舒服的躺下、伸展肢體，不但可以坐，站起來的時候也不會碰到頭，在裡面可以輕鬆的轉身。有些飼主當狗狗已經是成犬時，依然使用籠子，然而有些飼主卻採取完全不同的策略，只要狗狗一習慣家庭生活，就不再使用籠子，所以當你在購買籠子時，也要把這個因素納入，才能決定適合的尺寸。

準備籠子

狗狗的籠子不管是外觀或感覺起來都要是個舒服的狗窩，不要只是個空洞的塑膠殼或是冷冰冰的金屬框架。你可以在裡面放一些軟性的舖墊，像是舊毛巾或毛毯都很適合，但是不要直接舖報紙，因為狗狗可能會誤會，以為籠子就是廁所。同時你也可以在籠子裡放些牠可以磨牙的狗骨頭或玩具，這樣狗狗就可以在籠子裡玩。此外，還需要在裡面放一個飲用水碗，最好用夾子固定在籠子邊，這樣水不會濺出來，狗狗也不容易把碗打翻。

正面聯想

千萬不要把籠子當作處罰區，如果需要讓狗狗「關警閉」，或許你可以用嬰兒護欄，或主動離開狗狗讓牠獨處。籠子對狗狗來說，應該是舒適而安全的狗窩才對！

按部就班教導狗狗使用狗籠

把狗籠放在居家活動區域，讓幼犬跟家中成員保持聯繫，不過要避開亂哄哄的區域或主要動線。如果家中成員都聚集在客廳時，把幼犬隔離在其他房間，只會讓牠感到沮喪，導致牠不喜歡待在籠子裡。此外，你也要讓家中小朋友了解狗籠不是玩具間，當幼犬待在裡面的時候，千萬不可以打擾牠。

1 讓狗狗自己進入籠子裡探險。千萬不要強迫牠進去，你可以在那邊餵牠或是把獎賞和磨牙玩具拋到裡面，讓牠把籠子和愉悅的心情聯結起來。開始時要讓門一直保持開啟的狀態。

2 只要狗狗已經不再害怕進到籠子裡面，就可以進入下一階段。準備好牠的晚餐，多多鼓勵牠，把餵食碗放在籠子裡，然後把門關起來，不過這時候幼犬還是待在籠子外喔！聞著飄來的陣陣香味，卻只能看著晚餐，不能進去籠子裡享用，這會讓幼犬有一點點受挫的感覺；這時候再將門打開，讓牠進去大快朵頤。等牠進去，開始吃晚餐的時候，就把門關上；一旦牠結束晚餐之後，就立刻把門打開，把牠帶到室外上廁所。

3 重覆這個步驟，直到幼犬自己喜歡進去籠子為止。如果你發現牠主動進到籠子，看起來心情愉快，充滿希望，這就是非常好的徵兆！這時候你可以試著延長牠在籠子裡睡覺和吃飯的時間；除了睡覺過夜之外，把幼犬留在籠子裡的時間最長不要超過 2 小時。務必提供足夠的飲水，還有一堆玩具讓牠可以啃咬磨牙。在幼犬進入籠子之前，牠最好已經活動過了，也有一些舒展筋骨的機會，等牠從籠子裡出來之後，也要花點時間多陪陪牠。

狗狗衛生管理

所有狗狗都需要習慣由飼主打理衛生方面的問題，牠要學著了解整個過程是愉悅而安全的，不是反抗、也不是不舒服的感覺。事實上，狗狗應該把人類手部靠近的動作認為是開心享受的。千萬不要藉由拍打的方式處罰幼犬，儘管只是輕輕敲鼻子的動作，也可能會造成狗狗終其一生都不喜歡人類用手部靠近牠。

狗狗衛生管理的過程和平常的愛撫摟抱非常不同，這是為了日後獸醫診療檢查、投藥治療或是美容打扮、剪指甲預作準備。最好可以把這些流程變成每天的例行公事，逐漸建立狗狗的信心。

檢查耳朵、口腔、爪子

你手邊準備一些美味的食物獎賞，讓幼犬站在不滑的地板上，然後開始全身檢查。首先從耳朵開始，把垂下的耳朵掀開，仔細檢查裡面，健康的狗狗耳朵是粉紅色的，非常乾淨，沒有異常分泌物或異味，如果有的話，可能表示狗狗遭受感染。

也要檢查幼犬的口腔，把一邊的嘴唇翻開，接下來是另一邊。從底下把嘴唇翻起來，千萬不要把整隻手放在上面使勁扳開牠的嘴巴，很多狗狗都很抗拒這個動作。一般而言，狗狗大概會在16至20週之間開始換牙，你可以試著檢查一下，看看幼犬掉了哪幾顆牙。

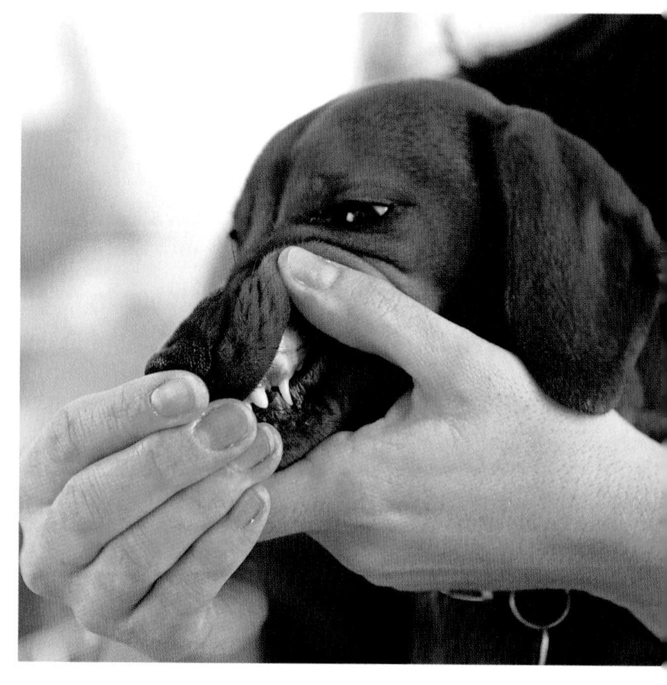

在檢查幼犬牙齒時，從下面把嘴唇往上翻開，而不是把整隻手都放在嘴巴上面。

輪流把幼犬的爪子舉起來，用手指頭輕輕的按一下肉墊之間的位置，這樣可以看出是否有異物殘留，像是草籽這種小東西很可能會卡在皮膚。此外，也要檢查指甲是否過長。很多狗狗的腳和尾巴都很敏感，所以你在檢查的時候要特別有耐心，如果狗狗表現良好，很安靜、沒有吵鬧，千萬別忘了要給他一些食物當作獎勵。

狗狗衛生問題

一旦你把狗狗帶回家之後，務必要記得在第一時間跟獸醫註冊。執業獸醫會建議你狗狗在都會生活需要接種的疫苗，以及一切預防性的衛生護理，這樣你的狗狗才能享受長壽而健康的生活。

4. 教導狗狗守規矩

無創傷後遺症的居家適應訓練

適應居家生活的基本訓練非常簡單，至少原則上並不難。千萬不要讓幼犬進入錯誤的區域，當牠做對的時候，也不要吝於讚美和獎賞。如果你住在都會公寓裡，也不需要有罪惡感，剛開始的居家訓練可能需要花一點時間，然而你只要多花點時間，盡可能帶牠出門遛達遛達，還是能建立長期的互信。

居家訓練守則

居家訓練大致上就是建立一種嚴密而規律的生活模式，重複相同的步驟，一直到幼犬學會所有規矩為止。

* 白天和傍晚的時候，整點或每隔一個小時就要把幼犬帶到室外，如果你住在都會公寓的話，要特別注意這一點，因為你絕對不希望幼犬憋不住，在還沒到室外之前就隨地大小便。帶牠出門後，你要耐心等牠上完廁所，不要忘記多多讚美牠。
* 重覆相同的步驟，只要幼犬一醒過來、吃飽以後，或是在牠經歷過一些興奮的事情之後，像是家裡的小朋友剛從學校回到家，就再重覆一次。通常當幼犬開始到處聞來聞去，或是轉圈圈的時候，就表示牠想要上廁所了；如果你家有庭院或花園，這時候就要馬上鼓勵牠跟著你往外走，不然在室內的話，就要使用狗狗尿墊（參閱40頁）。

如果你住在公寓，等狗狗稍稍長大些，就可以鼓勵牠往門的方向走，綁上牽繩，帶著牠出門。一旦狗狗走到對的位置，給牠一些讚賞的表示，把食物作為獎勵。

* 如果在 5 分鐘之後，幼犬還沒有上廁所，再把牠帶回室內或是其他的區域，小心監視，不能讓牠離開你的視線範圍，要是牠還是沒有反應，15 分鐘後再試一次。
* 如果牠不小心在不對的地方大小便，還是要保持冷靜，把糞便清理乾淨，可能的話，最好使用生物性清潔劑。就算你看到幼犬忍不住就地解決時，也千萬不要罵牠，以免在牠心理造成陰影，尤其當你在場時就不敢上廁所。任何形式的處罰只會延長居家訓練的進度，也會破壞你和狗狗之間的關係。務必要確保幼犬在嘗試中慢慢學習，逐步邁向成功。
* 對於夜晚不能大小便的自我約束，有些幼犬的學習速度就是會比其他同齡狗狗慢；然而大約在 14 週以後，大部分幼犬應該都具備自我控制的能力。在幼犬回窩裡睡覺前，務必要確認牠已經上過廁所了，然後就把牠送到屬於自己的小空間，像是室內的狗籠裡面。通常狗狗是不會在自己的窩裡大小便，如果發生這種情況，可能要把牠帶到獸醫那檢查一下，看看是否出了什麼問題。

都市的規矩

不管住在哪兒，隨時隨地清理狗便便，保持居住環境的整潔，是每個飼主的責任。世界上多數的都市都有明文規定，飼主應該要清理狗便便，如果違反規定，可能被處以罰鍰。此外，保持潔淨的環境也才能確保你們家小朋友和狗狗的健康。

上廁所指令

如果能讓狗狗學習上廁所的指令，對於讓牠在正確的地方上廁所會有很大的幫助。試著選擇像是「快一點！」這種簡潔的指令，然後每一次牠要去上廁所的時候，就對著牠喊出指令，等上完廁所，就給牠一些獎賞。經過一段時間之後，幼犬只要一聽到指令就會聯想到出門上廁所，這會讓牠反射性的產生上廁所的慾望。試著按照下列指示逐步訓練幼犬：

* 當狗狗走到對的地方上廁所時，記得給牠一些讚美和獎賞。
* 在剛開始的一個星期裡面，務必要隨時監控狗狗上廁所的動作；你將會很吃驚，也會很欣慰，你的小可愛居然那麼快就學會在對的時間和地點解決自己的生理需求。
* 如果你沒辦法一直看著狗狗，就把牠限制在籠子或比較容易清理的區域。
* 避免用處罰當作手段。對於敏感的幼犬而言，就算是責罵也會讓牠很緊張，同時也會阻礙居家訓練的進度。

幼犬尿墊這種新發明真是飼主的一大福音，使用起來就像平面的尿布一樣，對於居家訓練大有幫助，在剛開始養狗的那段期間，可以讓家中地毯免於一場大災難！

居家生活守則

大部分人應該都會同意，預防重於事後補救這種理論。雖然幼犬有著與生俱來的大眼睛，超級可愛的臉龐，總是用充滿崇拜的眼神看著主人，不過你一定要硬著心腸，千萬不能屈服在牠一時興起的衝動之下！五光十色的都會生活充滿很多樂趣，卻也有很多限制，如果能夠在現在就幫幼犬劃定界線，日後不但能幫你減輕壓力，也會節省時間。

咬咬遊戲

一般新手飼主可能都很驚訝，自己那隻可愛的小毛球居然配備著那麼尖銳的牙齒，那可是連鯊魚都很羨慕的武器！幼犬的乳牙就跟針頭一樣尖銳，造物者原本的用意，就是希望牠能用牙齒嚇阻敵人、保護自己。在 18 週以內的幼犬就像剛學步的小孩一樣，用自己的嘴巴探索世界，感受什麼是有生命的，什麼是沒有生命的；也因此牠會把每樣東西都放進嘴巴試試看，這其中也包括你的手和皮膚。此外，你的狗狗也會因為想玩而亂咬，就像牠和兄弟姊妹在玩一樣，這對牠來說是很正常的，飼主不需要大驚小怪，認為這是攻擊的行為。然而如果反過來以狗狗的立場來看，咬人就是不應該，大概在 18 週換牙之前，牠就應該要學會如何控制咬的力道，才不會在日後造成傷害。

幼犬咬東西的反應是犬科動物的天性，為了安全起見，務必要矯正這種行為。

如何控制幼犬亂咬

幼犬需要知道是「牠咬別人是會痛的」，絕對不是因為這會讓你生氣，或能夠引起你的注意力；也就是說每次當牠咬你的手或衣服時，你需要用下列的反應讓牠警惕：

* 大聲喊痛，或是大叫「哎喲」！
* 立刻轉身離去。
* 故意不理牠差不多 20 秒左右，然後再重新開始和牠互動。
* 重複大叫「哎喲」！然後每次你感覺到牠的牙齒時就轉身離開。

這個方法需要家裡面每個人都持之以恆的執行，雖然不能馬上就改變幼犬亂咬的行為，不過只要 3 至 4 週的時間，牠咬的力道就會慢慢變輕；因為這時候幼犬已經漸漸察覺咬太用力就是不對的行為，最後再教牠不管在任何場合都不該主動咬人。

對即將在都市定居的幼犬來說，類似的訓練非常重要，牠當然不能接近其他人張嘴就咬，就算牠沒有傷人的意思也不行。雖然你知道牠是那麼友善、愛撒嬌，但是這樣的行為絕對不被允許；尤其是小朋友更是如此，他們可能會因為狗狗的這種舉動而感到害怕。更糟的是，小朋友害怕的反應反而會刺激狗狗，讓牠更為興奮。

搏擊遊戲

跟狗狗玩搏擊遊戲這類的活動會產生一些副作用，日後也可能造成狗狗行為上的偏差，因為這就等於教導牠，如果把牙齒放在人類的衣服、皮膚、頭髮上是被允許的，這就像潛藏的危機，在未來可能會引爆更大的問題。因此，絕對不能讓幼犬跟家裡的小孩或大人玩搏擊遊戲；你或許可以用棉製的咬咬繩玩具取代，或是透過一些訓練遊戲讓幼犬養成良好的生活習慣。

幼犬的心情反應跟飼料有關

如果幼犬常常很興奮或有過動的傾向，你可能需要檢查他的食物是否出了什麼問題。現在我們已經比較了解，幼犬食物的配方會直接影響牠的行為和學習能力；但是這種現象很難立即就改善。要是狗狗上廁所太過頻繁，吃一些衛生紙這類奇怪的東西，或是看起來煩躁易怒，也許可以試試看換飼料會不會讓情況改善。幾天之後通常就可以看到成效，為了狗狗的健康著想，最好諮詢獸醫的專業意見。

有禮貌的社會

為了讓你和幼犬之間的幸福生活有個美好的開始，在最開始的時候就要把規矩定好，守則當中有些規定對都會生活特別重要。在相同條件下，一隻教養良好的狗狗和一隻對公眾具有危害性的狗狗，前者出門散步時，絕對能享有更多自由，當然也會因此而比較快樂。

打招呼的行為

一隻有禮貌的狗狗，才能讓飼主和狗狗達到雙贏的局面。你可以試著從教狗狗學習坐下跟訪客和街上行人打招呼開始。你絕對很難想像，當幼犬出門散步時，居然會有那麼多路人停下來跟牠打招呼。但是如果因為過度興奮，幼犬圍著路人亂叫亂跳，或是當牠已經是一歲的成犬時，一伸腳爪就碰到對方肩膀，那種情況不只主人會覺得難為情，甚至會非常麻煩。

千萬要記得，要求幼犬坐下只是一個簡單的動作，卻很容易獲得回饋。然而這對牠來說並不是與生俱來的天性，飼主需要花點心血進行訓練，直到狗狗動作達到完美為止。剛開始可以把家人和朋友當作目標，每次只要狗狗碰到對方，就要求牠坐下，然後讚美牠，輕輕拍拍牠，一旦牠服從命令，就用食物當作獎勵。重複練習，直到牠能夠自動自發完成動作。接著再引入更多奇奇怪怪的打招呼方式，像是拍手、跳來跳去、揮揮手等動作，這時候狗狗只能坐下乖乖待著（參閱 76-77 頁）。這種訓練非常有用，因為當路上小朋友看到狗狗時，他們的反應遠比大人更激烈，興奮的跳上跳下，手臂亂揮，大聲尖叫！狗狗在街上真正遇到這些狀況之前，就要預作準備，模擬實際狀況，讓牠知道如何作出正確的反應。

對美食說 NO ！

千萬不能從桌上拿出狗狗喜歡的零食餵牠，或是把你正在吃的東西直接給牠，你隨手的一個小動作，就會讓牠養成乞討的壞習慣，甚至會引發偷竊或搶奪等更嚴重的後果，例如狗狗一遇到小朋友或陌生人時，可能會把他們手上的食物搶走。

餐桌禮儀

試著想像一下，現在你正坐在露天咖啡座和朋友聚會聊天，享受著香醇咖啡的同時，你最忠貞的獵犬正依偎在腳邊；接著你再把腦中景象作些調整，如果你的狗狗並不安分，反而在這個溫馨的小空間裡晃來晃去，亂碰杯子和桌子，牠狂吠著四處衝撞，從朋友盤子裡偷吃食物。上述這二種情況的差異，正明白顯示餐桌禮儀的重要性！你可以使用下列步驟訓練狗狗，讓牠在人類用餐時間擁有良好的規矩。

1 在訓練剛開始時，至少要做 到每個人都要坐在餐桌邊用餐。如果家裡的小朋友坐在地板上吃東西，食物正好位於幼犬眼睛的高度，想要讓狗狗忽視眼前的美味實在非常困難。此外，也要幫幼犬準備一個安靜等待的區域，當家人在用餐時，牠就在裡面休息，這可能是牠睡覺的狗窩、籠子或在地板上的一塊墊子。

2 把幼犬放到墊子或牠自己的床上，要求牠在裡面乖乖待著；如果有必要的話，可以用食物獎賞鼓勵牠達成目標（參閱 78-79 頁），接著馬上給牠磨牙玩具或是塞滿食物的玩具，讓牠分心，無暇注意正在用餐的你們。

3 若幼犬站起來走到桌邊，那就安靜地把牠送回專屬的小空間。務必要徹底執行，或許你可以試著使用「乖乖待著」這幾個字的指令，有助於讓幼犬回到牠的特別座，耐心地趴著。當然你也可以在其他場合使用這個指令，如果都會生活讓牠有點過於興奮，也可以利用這個指令，使牠有機會稍微冷靜一下。

防止亂咬和亂吠

所有幼犬都需要用咬東西的方式感受這個世界，這是狗狗的天性，因為這個動作可以減緩牙齒生長的疼痛，同時也是牠自我娛樂的方式。然而以幼犬的觀點來看，牠認為好咬的東西不見得跟人類的意見一致。幼犬幾乎無所不咬，所有東西都難逃牠的利齒，除了感受材質、味道之外，牠也會測試哪種東西比較好咬；要是牠對玄關地毯產生特殊偏好，就終生無法戒掉這個壞習慣。

所有東西都要咬咬看

如果你想要導正幼犬與生俱來的慾望，讓牠咬一些適合的東西，那就務必要提供大量的磨牙玩具給牠，只有一二個無聊的塑膠玩具絕對不夠。雖然在剛開始的幾個禮拜，家裡看起來就像托兒所一樣，不過這種作法絕對值得，可以避免家裡一些價值不斐的東西被犧牲掉。你可能需要仔細想一想，幼犬可能會喜歡咬什麼東西，而不是單方面的認定牠應該咬些什麼。很多寵物店賣的玩具只要幾秒鐘就會被咬爛了；裡面塞小珠珠這類型的玩具也有潛在的危險性，因為幼犬很可能會把玩具直接吞下去；豬耳朵和煮過的骨頭通常會引起腸胃道的不適；如果玩具太過堅硬，狗狗的牙齒可能會咬斷。

如果你要選擇品質比較好的磨牙玩具，或許可以考慮 Nylabones™ 生產的，它的材質是天然尼龍。Kong 生產的也不錯，橡膠製的中空金字塔，裡面還可以塞美味的零食，當狗狗一咬，裡面的零食就會掉出來，它剛好就是牠咬對東西時最好的獎勵（參閱 130-131 頁）。

狗會吠是與生俱來的本能，這是牠們溝通的方式，很多狗狗都引以為樂，然而牠們的人類飼主，卻一點都不希望這種情況發生！

當你外出或狗狗需要自我娛樂時，這些玩具就是牠最好的伴侶；你甚至可以在網路上蒐尋各式各樣的菜單，在 Kong 生產的中空金字塔裡面塞入各式各樣的美味零食。

要是你已經幫狗狗準備各種玩具和咬咬骨頭，牠卻還是繼續到處亂咬，特別是當你外出時，會發生這種情形，那可能是因為跟你分開，讓牠覺得有點緊張的緣故。如果你察覺到上述現象，最好跟獸醫師連絡，諮詢專業的意見，並請遵循 136-137 頁的指示，逐步導正狗狗的行為。

如何讓狗狗安靜

狗狗吠叫的原因有很多，這是狗狗正常的行為反應。牠可能是覺得寂寞、挫折、無聊、緊張、害怕，或是對敵人示威。此外，當狗狗在玩、很興奮的狀態下，也可能用吠叫釋放情緒。有些特定犬種比較愛叫，通常是因為在最初選種的過程，就是以吠叫功能作篩選的條件，面對這種情況，最好用導正的方式避免狗狗亂吠，千萬別想抱著治療的心態處理這個問題。然而在都會環境裡，狗狗吠叫確實會造成一些困擾，為了和鄰居保持良好關係，應該盡量避免這種情況發生。

在狗狗成長過程中，自然而然會知道吠叫能吸引注意力，而這絕對是可以預防的。你只需要多花點時間理解狗狗的心態，如果牠因為吠叫引起注意讓自己的目的得逞，接下來當然會不斷重複相同的技倆，也就是說當幼犬坐在餅乾櫃旁對著你叫，你知道他心裡打著什麼主意，露出微微一笑，起身幫忙拿出餅乾餵牠，這樣一來你就落入牠的圈套，從今以後牠很可能會不斷地如法炮製！雖然你已經知道問題所在，但是如果這時候你直接吼回去，等於變相鼓勵牠用相同方式回應，又或者牠一叫你就投以關愛的眼神，甚至追著牠跑，結果狗狗還是最大的贏家！

為了避免狗狗吠叫在日後演變成惱人的問題，最簡單的方法就是讓牠一直很忙，無暇分心，甚至當主人一時不慎給牠回應時，牠也會忽略這是因為吠叫所得到的回饋。在都市裡櫛次鱗比的居住環境，務必要防止狗狗養成亂吠的壞習慣！

因為跟主人分開而感到緊張

如果狗狗吠叫，是發生在你出門把牠單獨留在家裡時，這可能是因為和你分開讓牠覺得不舒服所引起的騷動，藉此表達牠被單獨留下的不滿情緒，既難過又有點受挫。你可以試著參考 136-137 頁的相關建議，解決這個問題。

家具都是你的，你要宣示主權

飼主最主要的抱怨通常是那隻原本超級可愛的小親親居然會變成巨大的毛毛獸，家中所有家具的所有權都被侵佔了。如果你不想狗狗跑到家具上，事先一定要把規則訂好並且嚴格執行，不要只因為一時興起就讓牠待在上面，就算只是偶爾一次的抱抱也不行，這樣牠就會錯失了很多導正的機會，然後演變成終身無法戒掉的壞習慣。

沙發戰爭

狗狗當然會想要跑到家具上，不過這跟誰擁有主導權一點關係都沒有，只是因為待在家具上面非常舒適，上面充滿你的味道。你允不允許狗狗跳到沙發上是個人的選擇，但是如果狗狗體型龐大或很會掉毛，你最好在下決定之前先仔細考慮過。要是家中有訪客，穿著時髦而昂貴，他坐在沙發上，狗狗一骨碌跳到訪客身邊，或者家裡來了小朋友，狗狗直接衝到玄關，撲到他們身上，遇到這種情況，你要怎麼處理？

如果你發現狗狗單獨在家時，會積極的跑到手扶椅那兒去玩，可以試試看在靠墊上放東西阻礙狗狗爬上去，或讓牠沒辦法進入客廳，也可以雙管齊下以防萬一。

然而你要是選擇讓狗狗待在家具上面，最好限定一塊區域給牠躺，其他地方就不能上去，只要你的方法得當，持之以恆的執行，這絕對行得通。試著在沙發上舖一塊罩單，這就是狗狗允許使用的空間，鼓勵牠上來，讓牠知道自己能夠躺在這個區域，但是你也必須避免牠跑到其他家具上面，不管什麼時候牠都不能越雷池一步。

棉被戰爭

對狗狗而言，你的床屬於最高級的獎勵區，牠怎麼可能會不想跳到棉被中央舒舒服服的躺下？這裡有必要再一次重申，不管你是否同意狗狗待在床上，這完全是個人的選擇，但你最好還是要牢記下列忠告，有些狗狗特別是小型犬，在進入青春期之後開始會有領域行為，把某些地方佔為己有。預防重於治療，你最好能在和牠搶地盤之前，就避免這種情況發生。在早期開始訓練時就要嚴格執行，只有牠被邀請才能跳上床作為獎勵，務必要在狗狗出現行為偏差之前預先劃定界線，免得到時候亡羊補牢為時已晚！

在門口約束牠

教導狗狗在門口自我控制，非常簡單；為了安全考量，當你開門時狗狗絕不能衝出去超過你所在的位置，這對都會生活尤其重要，因為來來去去的車流量、充滿變數的環境，，很容易讓狗狗身陷險境。此外，玄關的禮節訓練會讓都會生活也更容易些，對於接下來的「跟隨訓練」也是一個很好的開始（參閱 84-85 頁）。狗狗這堂課會學得很快，只有當自己退後一步時門才會打開；如果牠試著往前推進，門就會在牠面前關上。接著也要在其他門口進行相同訓練，要讓狗狗養成習慣，儘管身處不同空間，動作還是要一致。在車子裡面時，你也可以用一樣的技巧訓練牠，避免狗狗一下子就跳出車外（參閱 96-97 頁）。

1 幫狗狗繫牽繩，把牠帶到門口。只要把門打開一點點縫隙，如果狗狗的鼻子往前推進，就把門關起來；千萬要小心，別夾到狗狗的鼻子！重複相同的步驟。

2 對大多數的狗狗而言，需要重複 4 到 6 次才能抓到訣竅，當門一打開時，牠需要往後退一步或移動到旁邊才行。

3 現在可以逐漸把門打開一些，直到門整個打開為止，在開門的過程中，狗狗都不能往前衝，如果牠辦到了，接下來就可以請牠跟著你跨過門檻；只有不斷練習才會有完美的結果！

社區生活

在都市裡生活不可避免的一定會跟其他人以及狗狗有近距離的接觸，一般人絕對料想不到，這對狗狗適應新生活卻有非常正面的影響，牠們有機會和平常不熟悉的人相處，在剛開始的幾個禮拜，有助於讓牠的社會化過程更進入狀況，為往後生活建立自信，打好基礎。然而這種和其他鄰居和都會居住者之間的互動，有個先決條件，就是狗狗必須盡早學會社交禮節！

搭電梯

當進入電梯時，所有狗狗如果不是被抱著，就應該靠在主人身邊或坐或站。偶爾電梯可能會很擁擠，試著教導狗狗站在你身邊，抵著後方或二側的牆面，這樣可以避免牠的腳掌或尾巴被夾到或踩到，不管是嬰兒車的輪子、其他人的腳甚至電梯的自動門，對牠來說都很危險。

儘管你可能經常使用公寓的電梯上下樓，為了以防萬一，最好還是讓狗狗習慣爬樓梯，如果遇到緊急狀況，牠才會利用其他方式進出大樓。

陽台、庭院、玄關

千萬不要把狗狗留在陽台或鎖在庭院裡，牠可能會亂吠，影響其他人的生活作息。把狗狗拴起來只會增加牠的挫折感，導致非常嚴重的攻擊行為，因為牠可以看到人走過，卻沒辦法接近他們。很多小朋友被咬的案例，就是因為接近被拴住的狗狗，牠們因為長期處於被忽視的狀態，導致強烈的攻擊傾向。

社區的門廳或出入口是非常重要的地方，如果狗狗在那裡表現良好、非常有禮貌，會幫牠贏得正面的評價。在這些地方狗狗一定要繫上牽繩；訓練有素的牠藉著牽繩的引導緩步向前；如果擋到路，牠會自動坐下、禮讓他人通過。你的狗狗身上肩負著重責大任，牠不只代表自己所屬的品種，也是「狗狗一族」最好的地方親善大使。

狗狗很快就會習慣搭電梯，讓牠學會靠著你或坐或站都可以，抵著後方或二側的牆面，如果電梯比較擁擠的話，這樣會比較安全。

5. 狗狗的社會化過程

都市大觀園

所有被人類馴養的狗狗，不管哪種品系，都是由狼繁衍而來，小至吉娃娃（Chihuahua）大至大丹狗（Great Dane），都擁有共同的遺傳物質，決定牠們與生俱來的天性和行為特質。時至今日，雖然狗狗和牠們野生表兄弟有著截然不同的發展，就如同人類和猿猴一樣，但是在12週以前還是需要和人類有密集的互動，而這一定要有的過程，對於接下來的都會生活比較容易進入狀況。

幼犬的早期充滿關鍵

在狗狗早期發展的過程中，有一段非常短的關鍵期，差不多是5到12週左右，在這段時期牠可以很快學會如何友善的對待人類，和他們一起生活。當然，隨著年齡漸漸增長，牠還是持續學習、進步，但是狗狗未來的個性和態度，深受這段時期的經驗所影響。

狗狗如果缺乏和人類或其他狗狗的相處經驗，實際上就跟野生動物沒兩樣，儘管牠試著和人類一起生活，龐大的壓力卻讓牠沒辦法面對，接著就會產生很多行為偏差的問題，終其一生都沒辦法解決。在幼犬的早期生活就已經開始了社會化的過程，事實上狗狗就跟人類一樣，在12週以前如果沒有跟不同的人相處過，幾乎可以斷定牠未來沒辦法發展出正常的溝通技巧。

狗狗理所當然會把人類當作不同的個體；你可以試著發揮想像力，當幼犬第一次遇到一個人，留著鬍子、帶著眼鏡或帽子，牠會怎麼想、有什麼感覺？牠眼中的小朋友是什麼樣子？小孩子不管是外表、味道和聲音都和成人有著很大的差異，狗狗必須要慢慢習慣他們異於成人的移動和行為模式。從幼犬的眼光來看，甚至是其他狗狗看起來都很奇怪；試著想像一下那個畫面，當長毛臘腸犬第一次遇到黃金獵犬會是怎樣的光景，牠可能從小就跟媽媽和兄弟姐妹一起長大，大家外表都差不多，忽然間牠遇到一個從未看過的生物，雖然聞起來像隻狗，體色卻完全不同，體型也大得讓牠吃驚！

社會化訓練越早開始越好，現在看著幼犬追著吸塵器可能覺得很有趣，若是同樣場景發生在牠3歲大時，可就完全不是那麼一回事了！

從幼犬眼中看到的都會生活

只要你一把幼犬接回家，盡可能讓牠跟越多人接觸越好，這樣才有機會觀察周遭世界，就算牠還沒完成所有的接種疫苗，你還是可以帶牠出門散步，讓牠藉由眼睛和耳朵感受一下，快速來往的車輛、小朋友的折疊式嬰兒車，充滿各種元素、喧囂而忙碌的都會生活。務必要讓幼犬有機會暴露在各種不同的環境下，特別是那些將來你會造訪的地方；也就是說不管是鄉下、海邊、溪邊或是森林都要列入你和牠探索旅程的候選名單內。

都會生活對狗狗的挑戰性非常高，身為家中的新成員，有太多東西是幼犬需要熟悉的，有些時候甚至要讓牠熟悉到厭倦、無動於衷。這項功課就從自己家裡開始，讓幼犬多熟悉一下吸塵器、洗衣機、電話鈴響的聲音，慢慢的牠就會忽視，不再有任何反應。此外，幼犬也要知道腳下各種舖面材質的感受，像是塑膠墊、地毯、木地板等，牠站在上面都很安全。至於你所要遵守的規則很簡單，當幼犬在面對新的事物時，盡可能忽視牠緊張害怕的情緒，如果牠能夠勇敢自信的達成目標，務必要給牠獎勵作為回饋，大方一點，不管是口頭稱讚、多給牠一些注意力，或是給牠美味的零食，都會讓幼犬知道什麼才是正確的反應。

試著站在狗狗的角度思考，重新檢視家裡的環境，再逐漸擴大到整個都市，你會看到一個完全不同的世界。

都會家庭的景象

試著讓幼犬熟悉下面清單所列的事物：

- ✓ 吸塵器
- ✓ 洗衣機
- ✓ 吹風機
- ✓ 電話鈴響
- ✓ 食物調理機
- ✓ 噴霧劑
- ✓ 地毯／木地板
- ✓ 樓梯
- ✓ 電梯
- ✓ 使用中的拖把和掃把
- ✓ 電視
- ✓ 收音機
- ✓ 搖晃的塑膠袋
- ✓ 穿／脫項圈和牽繩
- ✓ 從窗戶外面傳來車水馬龍的噪音

相遇打招呼

一旦你把幼犬帶回家之後，一定要盡快和牠建立起良好的關係，這會讓牠有安全感，同時也為將來彼此的互信和共識打下穩固的基礎。此外，幼犬也要和家中其他成員、朋友、訪客分享牠的忠誠，學會愛每個人的牠會擁有更健康的生活！

如何自我控制

老一派的觀點認為狗狗會把整個家庭成員當作一個「套裝組合」，具有完整的架構和階級關係，不過這樣的觀點現在已經被推翻了。野生的狗狗是以群居的方式生活，族群架構在分工合作的模式上，而不是由優勢的領導者掌控，成員當中彼此的優缺點大家都心知肚明。

在理想的狀況下，我們和狗狗就是要以這種方式一起生活；雖然在剛開始建立彼此關係時，最好事先劃定界線，但是卻不需要刻意突顯你和狗狗之間的主從關係。不要以掌控牠身心狀態作為出發點，最好慢慢訓練，讓牠知道什麼行為是可以允許的，什麼是不行的，教導牠如何控制自己的衝動。為了達到目標，幼犬只有在條件許可的狀況下，不只是環境適當，同時也要有你的許可，牠才能發洩與生俱來的這些衝動。

在幼犬展開新生活最初的 12 週之內，盡可能讓牠和各種不同的人接觸，次數越頻繁越好；社會化的過程當然不是在這個階段就停止了，但是如果錯過黃金時期，以後訓練起來會非常困難。此外，當你沒有跟幼犬在一起時，牠也要習慣其他人的陪伴，這可以避免往後牠過於黏人的情況發生，也可以為牠良好的社交生活展開序幕。因此，試著徵詢有意願的家中成員或朋友，讓他們陪幼犬 1 到 2 天，這對牠會有很大的幫助。

讓幼犬多跟其他人接觸，這也會替你帶來很多樂趣！

提升幼犬對小朋友的友善程度

幼犬需要跟小朋友有相處的機會，特別是家中有小孩時更要讓牠習慣。很多狗狗天生就喜歡小朋友，不過有些狗狗充其量就只有容忍他們的功力。如果你察覺自己的狗狗是屬於後者，最好不厭其煩多製造一些機會，讓牠和小朋友產生比較正面的連結。或許你可試著把狗狗零食交給小朋友去餵，也可以讓他們一起玩、一起去公園散步，這些都會有所幫助。此外，千萬不要讓幼犬有因為小朋友過於熱情而不知所措的態度，特別當一大群小朋友聚集在一起或是狗狗體型非常嬌小的情況下，真的要小心一點。除非有你在旁仔細監督，不然決不可以讓小朋友直接把幼犬抱起來。

社會化過程必須熟悉的事物

逐步讓幼犬習慣和人類相處的都會生活，在社會化的過程中，牠要慢慢習慣下列事物：

- ✓ 成人：不同膚色、種族，各式各樣的人種，至少 10 個
- ✓ 小孩：至少 10 個（帶牠去小朋友聚集的地方，像是學校門口）
- ✓ 戴帽子的人
- ✓ 戴太陽眼鏡的人
- ✓ 戴安全帽或帽子的人
- ✓ 拄拐杖的人
- ✓ 穿制服的人
- ✓ 手上拿著寫字板或其他大型物件的人

試著認識男性

很多飼主反映自家的幼犬和女性、小朋友都可以相處得很好，卻有點害怕男性；他們通常會認為這是因為幼犬在過去曾經被男性傷害過，但是真實的情況應該不是這樣。最主要的原因只是幼犬在早期接觸的通常是女性族群；此外，男性與生俱來的特徵比較會嚇到幼犬，因為他們的體型高大，嗓音低沉，比較有威嚇感。因為上述理由，最好在幼犬的早期，盡可能多接觸男性族群，讓牠把男性和一些比較開心的事物連結起來，例如食物、散步等，讓牠知道儘管男性沉著內斂，卻沒有傷害牠的意圖。

狗狗和其他寵物

沒有任何證據顯示家中新來的幼犬不能和原有的寵物成為好夥伴，不管是貓、兔子或其他你飼養的都會寵物都一樣。然而，有一件事情非常重要，你務必要把握牠們剛在一起的前幾個小時，甚至幾天的時間。你可以擬定合理的策略，事先計畫在哪種情況下讓牠們互相認識，怎樣才能控制場面、讓雙方保持冷靜。

貓咪

貓咪是非常敏感的動物，牠們會用不同的方式表達不滿或壓力，可能在家裡亂撒尿或直接跑到你的棉被上留下牠的糞便。然而就算是那種「無法抵抗狗狗」的貓咪，也可以安排適當時間讓牠和新來的幼犬認識，但是要慎選見面的場合，一旦牠覺得情況不妙，要讓牠有脫逃路線離開現場。這對都市生活的貓咪非常重要，因為一般寵物貓咪都養在室內，根本沒機會跑到花園。

在剛開始的幾次會面，務必要幫幼犬繫牽繩，避免讓牠有機會追貓咪。這種行為對幼犬來說充其量就是自己找樂子，只要一次追貓咪上樓或把牠趕到電視後面的經驗，幼犬終身都會對這個遊戲樂此不疲！

很多狗狗可以把其他動物當成自己的家人，但是如果沒有人在旁監督，千萬不要把牠們放在一起。

在理想的狀況下，最好給幼犬磨牙玩具或是可以刺激牠的小玩意，讓牠沒辦法分心，並且鼓勵牠待在地板上緊靠著你，不要拉緊牽繩。記得準備貓咪的食物，一旦貓咪進入房間，就有美味的食物可以享用；記得將食物放在比較高的優勢點，像是窗台或架子上，這會讓牠比較有安全感；同時牠也會把新來的狗狗和美好的事物連結在一起。試著幫牠們多安排幾次這種短暫而快樂的會面，但是如果你無法待在房間裡陪牠們，記得用嬰兒護欄把幼犬隔開，這樣貓咪可以稍微放心一點，只要牠覺得自己很安全，就會把注意力完全集中在美味的食物上！這整個過程絕對值得你多花點時間投資，如果能謹慎安排牠們初次見面的場合，日後貓咪和狗狗絕對能成為哥倆好！

兔子和天竺鼠

現在很多都市人把兔子和天竺鼠當作寵物，經由適當的學習，牠們也能夠和幼犬快樂的一起生活！儘管你對牠們之間是否能建立友誼而有所懷疑，但是其實只要做好剛開始的管理和訓練，這不是什麼天方夜譚的神話。狗狗是天生的獵食者，只要對方一移動，就會刺激牠追逐的本能。也就是說只有當兔子安分地坐在你的膝蓋或待在籠子裡，狗狗和兔子才能和平相處；如果兔子在家裡或室外圍欄到處亂跑，狗狗可能就無法控制本能的衝動！

經營不同種類的寵物關係，從開始就要步步為營，你要讓幼犬和其他寵物建立良好的關係，避免責備處罰的手段。剛開始可以把其他寵物放在籠子或箱子裡，或是用嬰兒護欄把狗狗安全地隔開，雙方都可以看到甚至聞到彼此，但是卻不能有進一步接觸。如果狗狗忽視兔子或天竺鼠的存在，就給牠鼓勵和獎賞，直到牠完全喪失對牠們的興趣和興奮感為止。狗狗的叫聲會嚇到其他寵物，所以最好給牠磨牙玩具、Kong 出產的玩具（參閱 130-131 頁）、Buster™ 的立方體玩具、活力球（形狀多樣，裡面塞著不同的零食），這些小玩意可以讓狗狗保持安靜。若狗狗咆哮亂吠的話，就表示情況不妙，最好中止會面，並尋求專業人員的協助。

鳥

實在很有趣，大部分狗狗很快就能學會忽視家中的寵物鳥；不過有一些特定的品種對鳥又特別有興趣，其中最知名的應該是柴犬和類似的品種，牠們會追逐捕獵室外飛行中的鳥。所以當你幫幼犬引見鸚鵡、長尾鸚鵡這些未來的室友時，必須要非常小心，特別當牠們能夠在屋裡自由飛來飛去的時候，更不能掉以輕心！

爬蟲類

越來越多的都市紛紛吹起飼養爬蟲類當寵物的風潮；雖然很多飼主反映爬蟲類會和狗狗維持良好的互動，不過最好還是把牠們分開飼養，除非狗狗在非常嚴密的監控下，或是牠已經學會完全漠視其他寵物的存在。有些疾病像是沙門氏桿菌感染等會在爬蟲類、人類、狗狗之間互傳，所以衛生管控需要特別小心！

出門到市區散步

你們家狗狗第一次出門探索這個廣大的世界，心情一定非常興奮，不過這其中可能會參雜一點害怕的成分，所以最好能夠預作準備！各種疫苗接種的時間不一，可以事先諮詢狗狗的獸醫師，什麼時候帶狗狗出門比較安全；一般來說，最好盡早帶牠出門適應新環境。

首次突襲

所有幼犬都會有一段所謂的「恐懼期」，發生的時間點因品種和個體而異，一般通常是 12 週以前。如果在野外的話，會讓牠避免掉很多危險，因為一隻小心的狗狗通常比較安全！但是都市生活卻完全不同，幼犬必須要習慣街道的各種聲、光、味道，並且能夠完全不受影響。也就是說你必須要盡早帶著牠出門，就算你不放心讓牠用自己的四條腿走在危機四伏的街道上，也可以把幼犬抱在懷裡進行牠的首次突襲！

你可以試著發揮想像力，用狗狗的角度看這個世界，充滿不和諧景象的都市給牠什麼樣的觀感？車輛的噪音、來往行人的雙腳叢林、排水溝的味道、垃圾桶、餐廳、繁忙的交通。想想看，感官超級敏銳的狗狗會多麼錯亂苦惱！我們當然會希望他能夠面對這些，甚至對牠有更高的要求，但是我們並不能置身事外，我們的責任就是要讓牠知道，這些經驗只是日常生活的一部分，不需要感到害怕。所有飼主務必要牢記在心，現在幼犬所體驗的一切，會影響牠對未來生活的信心，所以最好早一點帶牠出門，免得將來後悔莫及！

狗狗也像人類一樣，自信心和冒險犯難的精神會隨個體而異，但是所有幼犬都需要一再地暴露在都市環境下，學習如何面對都市生活，甚至能樂在其中！

重複曝光

千萬要記得幼犬可能會認為首航之旅非常艱難，太多任務讓牠沒辦法承受，雖然只是到市區逛一逛，但對牠來說卻有點像被丟到外星球一樣。如果幼犬坐得直挺挺的、一點都不想移動，或是根本就不想跟著你走，你千萬要多點耐心。如果有必要的話，把牠抱起來帶著走；儘管如此，你還是要持續帶牠出門，幼犬會出現這種反應，只是表示牠需要多次暴露在都市環境下，絕對不要因此減少外出的機會。

所有幼犬都需要去探索都市裡面不同的角落，儘可能一再安排這些旅程，讓牠可以逐步建立起自信，直到沒有什麼事情可以嚇唬牠，甚至一些新的或不尋常的事物也不能刺激牠為止。為了幫助幼犬認識全新的都會生活，最好能夠全家總動員，大家一起擬定清單，讓牠能夠體驗充滿各種聲光、多樣化的都會環境。持續把新的探險旅程加到清單裡，一旦完成就勾起來，直到幼犬成為世故老練的時髦都會犬為止！

取決權在你身上

幼犬頭幾次的都會探索旅程，所有牠從前沒體驗過的新刺激，勢必會讓牠有點不知所措，這是很正常的，然而你現在的所作所為卻會決定牠未來的命運。幼犬何時才能不緊張？還是就此害怕終生？幼犬無時無刻不在觀察、聆聽、學習，希望我們能給牠正確的指引，但是牠卻無法理解我們的語言。我們可能會認為幼犬需要多一點安全感，當牠害怕時就多給牠一點關懷，但是這可能會讓牠產生錯覺，誤以為害怕可以得到獎勵，甚至可能發生更糟的情況，幼犬以為主人也跟牠一樣害怕！

因此，陪伴幼犬頭幾次都市探險的人必須要了解，只有當牠展現自信時，才能用眼神接觸、口語溝通，對牠投以注意力。只要幼犬稍微有一點退縮，就要把注意力收回來；雖然感覺上好像忽視牠，不過整個過程還是要以幼犬的安全為前提。

都市觀光清單

	看過了	習慣了
轎車	□	□
火車	□	□
巴士	□	□
腳踏車	□	□
繁忙的行人徒步區	□	□
需要安靜下來的公共區域（例如咖啡館）	□	□
行人穿越道	□	□
踏板車	□	□
玩滑板的人	□	□
穿溜冰鞋的人	□	□

狗狗間的友誼

不管狗狗的品種為何，在 16 週以前，盡可能讓牠和其他不同品種的狗狗混在一起。在牠發展的早期，如果缺乏其他狗狗的陪伴，就無法學會必要的社交和溝通技巧，之後再遇到其他狗狗時，可能會過於緊張，甚至會打架，所以千萬不要錯過狗狗的學習黃金期。

玩耍的技巧

在理想的狀況下，狗狗的社會化過程最好從和鄰居其他狗狗的相處開始，這必須要配合你的時間，如果牠的品系需要從年齡比較大的狗狗那兒學習，那就更要注意。獸醫通常會告訴你，如果要帶幼犬去公園這些都市的公共空間，最好先完成所有的疫苗注射比較安全。然而在你帶牠去這些地方之前，如果牠有機會和其他狗狗玩，最好也先打過疫苗。

幼犬需要和其他狗狗混在一起玩，學習成犬應具備的溝通技巧。良好的社交能力，能避免衝突，也可以讓幼犬多結交些好朋友，甚至是那些以前從未遇過的動物。就像一群在遊樂場玩的小朋友，狗狗需要學習如何玩得盡興，如何分享，什麼時候應該停下來，休息一下！

幼犬的派對

運作良好的狗狗遊樂場或課程，不但能提供安全的環境讓牠們玩在一起，並且也是狗狗教育的啟發。整個規劃必須要讓狗狗在玩和訓練之間取得良好的平衡，所以飼主不能被排除在遊戲之外，雖然牠正和好兄弟玩得不亦樂乎，不過牠還是不能忽視你的一舉一動。

幼犬在玩的過程中還是要有所節制，不能彼此欺負；一個好的指導員，在大家玩得太過火的時候，會適時介入。

社會化訓練的檢查清單

試著讓幼犬熟悉下面的情況：

✓ 讓牠和 10 隻不同的狗狗見面、打招呼，狗狗都需要繫上牽繩。

✓ 讓牠和 10 隻不同的狗狗見面、打招呼，狗狗都沒有繫上牽繩（在狗狗專屬公園、幼犬訓練課程或是朋友家裡）。

你可以諮詢獸醫師，良好的幼犬訓練課程應具備什麼條件，不過在參加課程之前，最好能事先觀摩實際上課的情況，你可能要特別注意下面因素：

* 不管是幼犬或主人，雙方面看起來都放鬆而快樂，所有參與的成員一片和樂！
* 所有練習課程都由數個小節串連起來，這樣比較適合幼犬學習。
* 不能使用懲罰的方式或工具；不需要使用伸縮鍊／檢查鍊、固定式皮帶項圈或環刺項圈這些東西。
* 噪音量要維持在最低的分貝數。指導員不需要用吼叫的方式讓狗狗聽話；如果狗狗一直在吠，就表示牠們很緊張。
* 指導員應該具有親和力。他們看起來友善而充滿愛心嗎？對飼主和狗狗都很關心嗎？
* 一堂課裡面幼犬的數量不能太多；檢查一下活動場地的大小、隨堂助教的人數，指導員是不是能馬上就注意到每個人的狀況？
* 所有方法都要適合狗狗和陪同牠的家人；食物和玩具都是狗狗很好的動力來源，大部分狗狗不會只因為口頭獎勵而滿足。
* 幼犬玩在一起時要特別小心監控；過程中最好融入一些溫和有效的訓練課程。

狗狗日間照護

如果你生活在都市裡，有一份正常的工作，這通常表示你不會常常在家，白天沒辦法照顧狗狗，在這種情況下或許可以考慮把狗狗送到日間照護機構。日間照護中心的時段通常是星期一到五，在你工作的時候幫你照顧狗狗，他們會提供一些活動、訓練等，狗狗也可以藉機和其他狗狗相處。這不但是幼犬認識新朋友的好機會，飼主也可以藉由這個管道交流，交換彼此心得。不過記得要詢問照護中心，他們的狗狗收容量有多少，目前手頭上有多少照護員。當一群狗狗一起玩的時候，一定要有專人監控，幼犬的社會福利應該是你考量的第一順位！

良好的幼犬訓練課程，不但可以提供鎮定訓練，狗狗也能玩得很開心。一堂課當中，幼犬數量最多不要超過 6 ～ 8 隻，這是最理想的。

大開眼界，體驗鄉村生活

雖然都會生活需要慢慢習慣才能漸入佳境，但是狗狗也需要接觸其他不同的環境。最好能在狗狗小的時候就帶牠到鄉下走走，不只是場景的改變，牠也可以藉機體驗鄉村生活的聲光味道，暫時回歸牠原本所屬自然環境！

這是狗嗎？幼犬需要體驗鄉村生活，最好事先讓牠熟悉將來可能遇到一切狀況。

拜訪鄉村

狗狗是具有高度適應力的物種；當牠還小時，如果能夠給牠不同的社會體驗，有助於強化狗狗適應能力。熟悉新環境是狗狗教育當中很重要的一環；雖然在我們看起來會很奇怪，但是如果狗狗從來沒接觸過鄉村，對牠來說那個環境就跟都市一樣恐怖！

你可以事先想想看，狗狗在未來可能會遇到鄉村生活的哪些面向？你有親戚朋友住在郊外嗎？如果是這樣的話，當你和狗狗一起拜訪他們時，會遇到什麼狀況？有些幼犬可能要熟悉一下各種家畜；有些可能需要學習面對鄉下那種間歇性的交通流量，這和都市裡面一成不變的車水馬龍非常不一樣。

造訪鄉下的規則大致和市區差不多，當在不熟悉的區域時，務必要給狗狗繫上牽繩，留給牠足夠的時間，逐一消化周遭環境的新刺激。人類可以很輕易的把一些景象事物合理化，像是拖拉機或是巨大的聲響，但是對狗狗來說就不是那麼簡單。如果幼犬因為一些新事物暫時被嚇到，你絕對要克制自己，不要馬上放棄，可以試著用鼓勵和獎賞的方式讓牠勇敢一點！一再地探索新領域對幼犬有正面的影響，整個過程應該持續不間斷直到牠進入青春期。不管如何，這也是你呼吸新鮮空氣、舒展筋骨的好藉口！

6. 基本訓練

了解狗狗的行為模式

在都市工作、生活的我們，大部分都知道我們工作的目的不只是因為喜歡這份工作，最重要的還是那份薪水，讓每天賣命苦撐有實質上的回饋，這對狗狗也一樣。靈犬萊西那部有名的電影把狗狗過於神話，在現實的環境中，狗狗需要誘因才會幫我們工作，遵守規則，達成理想。

狗狗的偏好

不管是哪種訓練，關鍵都在於如何引起狗狗的興趣，所以一定要先理解牠的心態，牠喜歡些什麼，不喜歡什麼，這會大大的影響訓練的成果。狗狗比較喜歡起司口味還是雞肉口味的零嘴？牠比較喜歡聽到你喊玩具，還是美味的零食？訓練應該是很有趣的，也就是說當你用食物啟發狗狗的動力時，所使用的方法也要活潑一點。你可以讓自己更有生氣，製造些聲音、看起來很興奮，這樣狗狗也會更起勁！

隨著品種和個性的不同，狗狗也會有各自的偏好。一般而言，拉布拉多和尋回犬熱愛食物，其中首選就是味道比較重的法蘭克福香腸；但是梗犬就比較喜歡競賽型遊戲，搭配會發出聲音的玩具效果更好；邊境牧羊犬和牧羊犬則偏好追逐遊戲，例如尋回遊戲等；小型犬看起來好像是為了搏取關愛而工作，不過這只是看起來罷了！很多狗狗都不喜歡被拍頭，如果你有拍牠頭的傾向，可以試著觀察牠的反應，牠真的喜歡這個動作嗎？

口頭鼓勵還不夠

事實上，狗狗不會因為愛的驅使，而去達成我們希望牠完成的目標，你也不需要把這種想法當成對牠的侮辱。我們最好學聰明點，接受事實，大部分的狗狗不會只因為口頭獎勵而工作；在某些情況下，只有一點點獎勵可能還不夠呢！舉例來說，如果在室內，狗狗可能會因為乾糧而聽話，如果場景換成其他地方，充滿各種干擾，例如走在市區的街道上或是在訓練課程當中，你可能需要把籌碼提高些。

如果狗狗的表現良好，順從地跟在你身邊、在街道旁安靜等待，這時候你就需要給牠加倍的獎賞。因為對狗狗來說，這些行為有違天性，不管是在充滿阻礙的環境中亦步亦趨的跟著你，或是耐著性子毫不理會陌生人的糾纏，狗狗都要具備高度的意志力，才能克服種種困難。

在訓練狗狗時，只要牢記下列原則，要讓牠乖乖就範，其實一點都不困難：一旦狗狗因為某些行為從你這兒嚐到甜頭，接下來就會不斷故技重施。也就是說我們需要換個角度，從狗狗的立場來思考，什麼才算是正面的回饋。對幼犬而言，牠需要的是關愛，你的一舉一動都會牽動牠的情緒，不管是笑聲、眼神的接觸，甚至你制止牠某些動作的叫喊聲，牠會以為這就是關愛的表現，只會鼓勵牠一再重複同樣的舉動。因此，儘管狗狗的某些行為讓你不高興，你也不能大聲斥責，反而要冷靜下來，想想看牠會因為這些動作，得到什麼回饋。舉例來說，狗狗如果對著路人吠，一般人或許覺得這是勇敢、防衛性的反應，不過事實可能和我們的預期有些落差，狗狗根本不會想那麼多，牠的動機其實很簡單，純粹是因為大聲吠叫所引發的效應讓牠樂在其中，或因為這樣能得到實質回饋，僅此而已！也因為這樣，當你訓練狗狗時，試著放下成見，從牠的角度思考，才能收到事半功倍的成效！

要讓狗狗集中注意力，訓練牠達成新目標，一定要有些實質回饋，激發學習動機，千萬不能太過一廂情願，認為狗狗學習新把戲，只是想討好你，這樣的理由太過薄弱，沒辦法讓狗狗有足夠的學習動力！

創造無限的可能性

狗狗是非常聰明、有創造力的動物，經由適當訓練，能夠達成極為複雜艱深的任務。飼主要怎麼訓練狗狗，其實跟所居住的都市環境有關，這其中也要把自己的需求和狗狗的學習動力考慮在內。幼犬的潛力無窮，只要好好教牠，把髒衣服丟到洗衣機裡面，等衣服洗好再叼出來（對身障飼主的服務犬而言，這是最基本的訓練），甚至關門、按電梯的緊急逃生鈴等，對牠來說根本不成問題。儘管幼犬有無限的可能性，不過還是要回歸如何適應都市生活的基本訓練，這是最低的要求，永遠要擺在第一順位！

注意力訓練

都市環境有太多的干擾因素，空氣中飄來陣陣的熱狗香、狗狗公園裡迎面而來的同類，這對你們家的狗狗而言，都是難以抗拒的誘惑，一有機會絕對會利用自己靈敏的鼻子，好好嗅個痛快！相對來說，居家環境單純多了，訓練狗狗把注意力集中在你身上比較容易，但是在都會叢林，如果要達到同樣目標，你要花費好幾倍的心血，才能戰勝種種誘惑，讓狗狗把你擺在第一順位！

看著我！

這個訓練的目標很單純，只要你一叫狗狗名字，牠就要看你，把注意力全部集中在你身上。或許這聽起來很簡單，但是如果反過來從狗狗的角度思考，牠真的知道自己名字嗎？有些狗狗搞不好會誤以為「不行」才是牠們的名字勒！只要你曾經觀察過狗狗在都市裡的行為反應，就會知道這個目標有多難達成；整個環境充滿干擾，各種光線、聲音、味道對著你和狗狗鋪天蓋地而來，牠要克服種種誘惑，還不能分心去看其他狗狗，也不能往公園飛奔而去，只能把焦點集中在你身上，這真是高難度的任務呢！

居家注意力訓練

注意力訓練最好從居家環境開始，因為家裡的干擾少，狗狗比較放鬆，可以很快達到你的要求。這個訓練最好在比較安靜的時段進行，你才可以心無旁騖，就算只有幾分鐘也無所謂，不需要太久，重質不重量，才能達到良好的成效。

讓狗狗和你待在同一個房間裡，以溫和友善的語調，清楚地叫出狗狗的名字。一旦牠看著你，你就稱讚「好！」(Good)，接著拿出零食作為獎賞。每個訓練小節至少要重複 10 次相同動作，然後才可以休息。在一天當中，你可以在不同時段進行這個訓練。

讓注意力反應更精準

緊接著上場進階訓練，才是重頭戲，這個階段的難度比較高。在你呼叫狗狗的當下，不管牠在哪裡，正在作什麼，腦袋想些什麼，所有一切只能暫停，牠只能轉頭看著你！整個訓練需要分好幾個時段進行，當狗狗在家中趴著休息，當牠忙著到處聞來聞去，或是當牠專心看著某樣東西，一旦狗狗手頭上正忙著其他事情，就是絕佳的機會。這個訓練都在室內進行，讓狗狗對你的召喚有更精準的回應！

在都市環境中的注意力訓練

當狗狗的室內召喚訓練已經達到預期的目標，接下來就可以把場景轉換到室外。很明顯地，這對牠來說難度更高，所以在訓練初期你要多幫幫牠，不能太急，出門前最好幫牠繫上牽繩，不可以讓牠離太遠，而且要等到時機成熟時再進行，在你覺得比較容易收到成效的那一刻，再喊出牠的名字！在開始進行訓練時，如果牠正目不轉睛盯著一隻同類穿過公園，你要牠轉移注意力無異緣木求魚，百分之百一定會失敗！所以你只能多點耐心，等狗狗比較放鬆時，再叫牠的名字。如果狗狗沒有立即轉頭看你，這時候就需要拿出美味的零食當作誘因，像是把熱狗放在牠面前，讓牠聞一聞食物的香味，接著把食物往上移到你臉部的位置，這樣牠勢必會看著你。只要牠把注意力集中在你身上，記得要讚賞牠「好！」，之後再把食物給牠。

這個練習是採用比較正面的方式，驅動狗狗把注意力投注到你身上。如果狗狗忽視你，但你卻只是絮絮叨叨唸個不停，結果牠還是搞不清楚自己究竟做錯什麼！千萬要記得，都市裡連珠炮似的噪音，尤其是人類的聲音，會不斷干擾狗狗。學習忽視這些干擾因素，需要克服多少困難，排除多少阻礙！從一長串句子裡面，找出一個對自己有意義的字眼，這對狗狗來說難度超高，所以你最好多花點心力幫幫牠，在訓練初期，多準備些美味零食作為獎賞。

籌碼提高

在給狗狗晚餐或你和牠開始玩遊戲之前，可以試著要求狗狗坐下，抬頭看你。除了家裡之外，這個訓練也可以在其他沒有危險性的區域進行，狗狗正要開始活動筋骨或大玩特玩之時，在你預備為牠解開牽繩之前，也可以做出同樣要求。想要狗狗立即進入狀況，最有效的方法莫過於讓牠嚐點甜頭，只要牠知道好處在哪兒，馬上就把注意力轉移到你身上！

多練習才能完美達成目標！在都市裡面，盡可能多找些機會，讓狗狗把注意力集中在你身上。

召回訓練

生活在都會的狗狗，只要一聽到主人的呼喚，就要馬上回去，這是非常重要的訓練，一旦發生緊急狀況，甚至可能就是狗狗的保命符！對大部分的狗狗來說，一天最快樂的時光，莫過於能解開牽繩，毫無束縛在草地上奔馳，處處充滿限制的都會生活，這無異是牠紓解壓力最好的方法！然而在此同時，你也要確保狗狗的安全無虞，當你呼喚牠的時候，牠會立即轉身回到你身邊。在一些意外狀況下，狗狗會試圖從家裡脫逃，如果牠對你的叫喚毫無反應，這甚至可能就是天堂和地獄的差別，一不小心就會流落街頭死於非命！

當主人召喚時的反應訓練

當你叫喚狗狗時，牠必須即刻返回你身邊，因為牠知道跟你在一起不但很快樂，還可以得到獎賞回饋。你不需要因為這種行為感到擔心或緊張，都市環境隨時可能會有些意想不到的情況，像是突然出現的警車，刺耳的執勤警鈴聲連人都會嚇一跳，更何況狗狗。一旦牠遇到這些狀況，飛奔回你身邊會讓牠比較有安全感，這時候牠反而不太會跑開。因此，當你在進行召回訓練時，不管狗狗花多少時間回來，你都要以正面的方式回應，千萬不能使用處罰的手段，牠才不會抗拒，而願意對你的召喚做出回應。

都會中的召回訓練

如果剛開始你對室外狀況不太確定，沒辦法掌握狗狗的反應，你可以使用比較長或是具伸縮性的牽繩，其他步驟就跟室內訓練一樣。不過因為都會環境的干擾比較多，所以你務必要多準備一些美味零食，也不要吝於讚賞狗狗正確的反應，好讓牠有比較多誘因達成目標。

雖然在室內的居家環境，狗狗對食物獎勵的反應良好，不過那是因為干擾比較少。如果室外的都會環境，在某些安全區域狗狗可以解開牽繩自由活動，這時候會有很多誘因足以讓牠分心，所以訓練的難度比較高。為了重新搏取狗狗的注意力，可以把原本的零食用特殊玩具取代，像是飛盤、讓牠可以咬的破布、繩球等，把這些東西丟出去，再用控制把手拉回來。

當你在室內跟狗狗玩的時候，如果有適當機會，就可以把這些玩具拿出來，然而在遊戲結束之後，務必要把玩具收好，讓牠更渴望下次跟你一起玩的機會。只要跟狗狗玩過幾次，牠就會上癮，當你和牠外出散步時，忽然從口袋中把玩具拿出來，絕對會讓牠很驚喜！所以狗狗一旦聽到你的召喚，只會更加熱切飛奔回你身邊，就算牠在周圍四處亂跑，也會把一部分注意力放在你身上，因為牠覺得你隨時有可能會拿出玩具，跟牠好好玩一下！

居家召回訓練

選擇一個干擾因素比較少的時段，再開始進行室內召回訓練，這時候狗狗的動作比較容易控制，記得要多準備一些美味的軟性零食作為獎勵，像是一小塊煮過的雞肉或起司片，把獎品放在密封的容器，這樣就不需要用手拿著。

1 以輕柔友善的語調召喚狗狗；如果牠沒有反應，試著拍手或發出一些好玩的聲音，直到牠看著你為止。接著你拿出食物當作誘因，往後退一兩步，要是牠往前一步，你就讚賞牠「好！」，然後直接把幾塊食物放在你前面的地板上給牠當作獎勵。

2 逐漸拉大距離，狗狗必須要走遠一點才能拿到食物，在整個過程中，你都要不斷稱讚牠。當牠隨招隨到時，記得要給牠美味的零食或玩具當作獎勵。

3 接著要進入難度比較高的訓練，選擇一些干擾比較多的時段，在家裡面每個地方都試試看，如果有花園或後院的話，可以把訓練場地轉移到那邊。因為都會環境的干擾太多，如果要在公園或其他公共空間進行召回訓練之前，務必要有充分的準備！

在都市裡坐下等待

在所有訓練口令當中，「坐下！」(Sit) 應該是最有用、也最容易學的，就算狗狗亂跑亂跳，只要一下這個指令，牠又會重新回到你的掌控之下。此外，這樣也可以避免狗狗走太遠，當你和牠在馬路邊停下來時，要求牠坐下，不但比較安全，也可以突顯牠良好的教養。然而就算狗狗學會坐下指令，這樣只算達成一半的目標，重頭戲還在後頭，要讓狗狗乖乖坐在原地不動，才是真正困難的任務！

讓坐下反應更精準

這個訓練有個關鍵，不管任何情況，在比較安靜的室內環境或都會鬧區都一樣，只要你一喊「坐下！」，狗狗就要馬上做出反應。你在家裡面教狗狗的任何指令，都要一再複習，盡可能選在不同的都會情境下練習，讓牠能百分之百回應這個指令。在室外各種因素的干擾下，剛開始狗狗或許很難進入狀況，沒辦法達成要求，但是你還是要多點耐心，絕對不能中斷訓練！

當你喊了「坐下！」，狗狗卻沒有馬上回應，這時候你也不能太過急切，把狗狗的屁股往下壓，揠苗助長只會造成反效果。如果牠根本不想遵從這個指令，你卻只是一意孤行，到頭來牠還是不了解坐下指令的含意，也沒辦法達成你的要求。

坐下等待

一旦狗狗學會了坐下的指令，接下來就是進階訓練，可以試著讓牠待在相同的位置、持續久一點的時間。雖然感覺起來難度很高，但是要讓狗狗達到要求其實並不難，只要你稍微調整自己的步調，延遲幾秒鐘再說出「好！」的指令，零食也慢一點再給，這樣一來牠當然很快就能學會在原地等久一點。此外，你也要逐漸增加一些干擾的因素。不過剛開始提升訓練難度時要特別注意，如果狗狗亂動，那就表示你太操之過急，試著把腳步放慢，重新回到比較簡單的步驟，再慢慢增加干擾因素，直到狗狗能百分之百達成要求為止。在整個訓練過程中，狗狗待在同一位置的時間，最好長短不一，慢慢把時間拉長到 1 分鐘左右。只要狗狗乖乖坐著，就不要吝於讚賞牠正確的表現！

增加干擾

* 當狗狗坐下之後，你先往後退 2 步，接著走回牠身邊，稱讚牠「好！」，然後給牠美味的零食獎勵。
* 再次要求狗狗坐下，然後你把手放在自己頭上，如果牠維持不動乖乖坐好，你就下達「好！」的指令，接著再給牠獎勵。
* 慢慢增加干擾，繞著狗狗四周走來走去，直到牠可以完全不受影響，乖乖坐著為止。你可以讓狗狗坐在台子上進行這個訓練，在過程中你要特別小心，一旦你繞到狗狗後面，走出牠的視線範圍，牠會比較容易騷動。別忘了多給牠一些鼓勵和實質回饋！

坐下！

某些犬種比較容易進入狀況，很快就學會坐下這個指令，這可能跟狗狗的身體結構有關。惠比特犬（Whippet）、靈堤犬（Greyhound），以及某些勒車犬（Lurcher）反而不太喜歡坐下，寧願站著或趴下，但是這並不表示牠們學不會坐下這個指令；當然飼主還是要耐心一點、多花些時間訓練！

1 讓狗狗知道你手中有牠喜歡的零食，把食物放在狗狗鼻子正上方，靠近一點，讓牠可以聞到香味，接著手往上、再往後移動，所以牠需要抬頭往上看，才能追隨手指頭移動的軌跡。

2 當狗狗往上看的動作如同照片所示，自然而然身體會跟著坐下來，在那一瞬間，你要喊出「好！」，接著把獎勵給牠。重複幾次相同的步驟，然後當你在移動食物之前，再加上「坐下」這個指令。

3 最後進入進階訓練，這時候不需要任何誘因，再試一次坐下的指令。剛開始你手上不要拿食物，直接叫狗狗坐下，如果牠遵照指示，就要馬上稱讚牠「好！」，給牠食物當作獎勵。然而要是狗狗沒有馬上坐下，你可以再加上手部信號，讓牠比較容易進入狀況。每次只要狗狗一完成要求，記得要讓牠的努力有所回饋！

趴下翻身

當狗狗處於趴下（Down）的狀態，這表示牠很平靜，完全在你的掌控下。對都市生活而言，讓狗狗學會趴下這個指令非常重要，除了在公共場合的安全考量，一旦牠趴下，小朋友也比較容易接近牠，有些怕狗狗的人也會比較安心。如果狗狗能夠遵照你的指令，表示牠有經過良好的訓練，不管對狗狗本身或是你們遇到的人來說，大家的安全都會比較有保障！

讓趴下反應更精準

在訓練初期，狗狗可能會搞錯，在還沒趴下之前，通常會做出其他動作。如果你手離狗狗太遠，牠可能馬上就站起來，牠也可能把腳抬高、試圖把食物撥下來，或者牠會把上半身放低貼著地板、屁股卻翹得高高的。不過這時候你只能多點耐心，等牠終於把屁股放下來的那一刻，馬上奉上好吃的零食獎賞！

趴下等待

就如同坐下等待的訓練一樣，如果要讓狗狗學會趴下等待也很簡單，你只要延遲回應的時間，晚一點說出「好！」，然後再給牠零食。剛開始先慢個 5 秒鐘，然後延長到 1 分鐘，甚至 2 分鐘之久。在訓練過程中，你還要不斷測試狗狗「趴下等待」的穩定度，你可以採取或站或坐的姿勢干擾牠，拍手、跪在地板上、在牠四周轉來轉去，看看狗狗是否能乖乖趴著。如果牠能順利達成目標，這時候牠就可以邁入下一階段，進行戶外環境的實戰訓練！

翻身！

教狗狗耍些花招，感覺起來好像有點賣弄，但是對牠來說，只不過多學一項技巧，也可藉機和你培養更進一步的關係！在各種把戲當中，翻身可能是最適合的入門技巧，因為動作好學又好玩，如果能再加點小變化，看起來效果會非常好！

剛開始時先要求狗狗趴下，一旦牠遵照指令之後，仔細觀察牠屁股朝哪個方向。接著拿出零食引誘狗狗，先把零食放在牠嘴邊，讓狗狗的頭跟著零食一起轉到牠肩膀的位置，這時候牠會呈現往後看的姿勢；然後再不斷用食物引導狗狗，直到牠背部貼地、完全翻身為止。只要狗狗展現出聰慧的一面，記得要馬上稱讚牠的表現「好！」，然後把獎賞奉上！

當牠已經完全掌握訣竅，自發性做出翻身的動作，接下來再加入「翻身！」(Roll-over）的口頭指令，務必要一再練習，讓技巧更純熟。如果狗狗能夠從站立姿勢，直接翻身，緊接著縱身一躍，回到原本站立的樣子，這絕對會讓人印象深刻，你的親朋好友甚至會驚訝到合不攏嘴！

趴下！

如果想讓狗狗學會趴下的指令，你需要多花點時間訓練牠，在過程中也需要多點耐心。再次重申，使用強迫的手段或在狗狗身上施加壓力，逼牠就範，只會收到反效果，所有訓練的關鍵都一樣，要能掌握狗狗的學習意願，而不只是暫時控制牠的身體，所以在訓練過程中，手邊務必要多準備些美味的零食獎勵！

1 當狗狗坐下時，拿出零食，放在牠鼻子前面引誘牠，手慢慢往下朝地板方向移動，就放在狗狗前肢之間，接著馬上把抓著零食的手掌朝下翻，讓零食整個藏在手心裡，這樣一來，狗狗就會把鼻子貼上去，頭也會往旁邊轉，這樣嘴巴才能碰到食物。

2 試著耐心一點，很快狗狗就會整個趴下來，一旦牠做出動作，馬上就要喊出「好！」，然後把食物放在地板上，讓狗狗享用美味的零食。只要原本在手上的誘因解除，就可以避免狗狗像溜溜球一樣，跟著手移動回到原來的姿勢。

3 重複幾次這個動作，有時候手中藏食物，有時候不要，交替變換，才可以刺激狗狗的學習意願，不過當牠準確做出趴下的動作時，務必要給牠食物獎賞。一旦狗狗學會跟著手勢做出趴下動作，接著就可以配上口令，在移動食物誘餌之前，預先喊出「趴下！」，讓狗狗把口令和動作連結起來。

可以看，但不能摸！

如果狗狗要成為時髦都會犬俱樂部的一員，良好的教養是必備的條件之一，也就是說牠要學習如何克制衝動、遵從指令，未經允許，不能亂碰其他東西！不管如何，我們還是要學著面對現實，都會街頭通常充斥著各種怪東西，而你絕不希望自家的狗狗去接近這些玩意兒，一不小心甚至可能把東西吞下肚。想要在都會街頭文化生存下來，務必要讓狗狗學會「別碰！」（Leave）這個指令。

讓「別碰！」的反應更精準

這個訓練有各種不同的變化，你可以把食物放在手上、不同材質的表面上、或是地板上；只要經過一段時間的練習，不管幾歲的狗狗，都可以很快學會這個指令的含意，一聽到「別碰！」，牠就知道不能越雷池一步！剛開始這個訓練最好由成年人來執行，惟有狗狗已經明白牠做任何嘗試都是無效的，沒辦法搶走食物之後，最後才能由小朋友接手。如果狗狗試圖想要用牙齒、爪子爭奪你手中的食物，在訓練的初期，可以使用手套作為防護措施。

室外「別碰！」反應訓練

為了讓這個訓練更逼真、更貼近真實的都會生活，你可以試著在室內到處走，丟些碎紙片或零食乾糧在地上，然後告訴狗狗「別碰！」。用眼神確認狗狗把注意力集中在你身上，沒有注意到其他的東西，當牠完全忽視干擾的存在，就要喊出「好！」，接著拿出更美味的零食當作獎勵，犒賞牠抗拒誘惑的高度自制力。惟有居家訓練已經非常熟練，你確信狗狗不會出錯之後，才能進行街頭實戰演練。

你可以試著花點時間想想看，在都會環境裡面，你不希望狗狗去碰哪些東西，很明顯街上一定散落很多垃圾，街角也會有人把食物亂丟。此外，你還可以進一步訓練狗狗，藉由「別碰！」這個指令，讓牠忽視松鼠、貓、其他狗狗，甚至是小朋友的存在。

警告！

狗狗大多很快就學會這個指令，經過不斷的練習，牠可以完美地達成要求。然而狗狗天生就是愛吃腐食的動物，就算在家裡面，牠只要看到食物，旁邊又沒人監督，絕對會忍不住大快朵頤！

別碰！

就跟之前所有訓練一樣，學習這個指令最好也是從家裡開始，因為家中環境單純，周遭干擾少，等狗狗能確實掌握指令的含意之後，再將訓練陣地轉移到街頭。

1 手中拿著狗狗喜歡的零食，用手抓緊，把手放在狗狗面前，只要牠聞到香味，勢必會用盡各種方法，又舔、又啃，一心想要把食物送進嘴巴。這時候你不需要發出任何聲音，仔細觀察狗狗的舉動，一旦狗狗把鼻子移開，就算只是電光火石的一秒，你也要抓住機會喊出「好！」，接著再把食物給牠吃。重複上述步驟，多練習幾次，狗狗大多只要作了 4 次之後，就能掌握訣竅，知道惟有把嘴巴移開才能吃到東西。

2 現在你需要再多點耐心，狗狗鼻子從你手邊移開之後，接著開始讀秒，從 1 數到 3，如果牠還能維持同樣的狀態，你就要喊出「好！」，接著再把獎賞給牠。狗狗通常很快就會把臉轉開，試圖要克制自己貪吃的慾望，所以你也要給牠正面的回應，馬上稱讚牠「好！」，並且奉上好吃的美味零食！

3 逐漸把等待間距拉長，當狗狗能夠把臉移開至少持續 10 秒左右，這時候再加上「別碰！」的口令。在狗狗看到食物之前，先喊出「別碰！」這個指令，試著讓語調平靜和緩些，不要帶著威脅的口氣。一旦狗狗掌握指令的含意，然後再把難度提升，先喊出「別碰！」，然後在牠面前把握著零食的手攤開，如果狗狗試圖想把食物吃掉，你只要把手指合起來就行了，千萬不要把手抽離。

讓狗狗的
社交禮儀更純熟

你可以試著想像一下，當你前往朋友的住處拜訪，或和朋友約在咖啡廳碰頭，在這樣的社交聚會，所有人正悠閒享受下午茶時光，雖然剛開始大家看到狗狗都很開心，愉快地跟牠打招呼，然而接下來所有人的焦點，很快會轉移到其他話題，這時候狗狗最好能像個花瓶，在旁邊靜靜待著，不要發出任何聲響，打斷大伙兒聊天的興致。這也是狗狗需要學習的禮儀，在某些場合，飼主會希望牠能乖乖趴下，不需要特別花心思照顧牠！

「安定！」

要讓狗狗學會安定的指令非常容易，條件只有兩個，不外乎耐心和連貫性。訓練初期最好從居家環境開始，因為家裡不但安靜，干擾也比較少。

先幫狗狗繫上牽繩，選個地方讓自己可以坐下來，把牠帶到那兒去，起居室可能是個不錯的地點，你可以舒服地坐在椅子上，然後再開始整個訓練課程。

你先試著用非常平穩的音調，對狗狗說出「安定！」這個指令，接著把牽繩放在自己腳下，這樣一來狗狗可以選擇或站或坐，甚至趴下來，維持非常舒服的姿勢，但是牠的行動卻受到限制，沒辦法移動到其他地方。

狗狗大多希望你能注意牠，所以無所不用其極，牠可能會哀嚎、亂拉牽繩，或是用爪子抓你，這就是整個訓練最困難的地方，你需要多花點心思克服。如果遇到這種情況，你千萬不能心軟，不能看牠，也不能跟牠說話或是摸牠。狗狗經過幾分鐘的嘗試之後，你卻還是沒有任何動靜，這時候狗狗大多會就此投降，如果牠趴下來，大大嘆了一口氣，就表示牠已經放棄了！然而這正合你意，一旦牠趴下休息，你就要輕柔地稱讚牠，讓牠以同樣姿勢維持幾分鐘，在結束這個訓練小節之前，先喊出「結束！」的口令，最後再解下牽繩。

讓技巧更純熟

整個訓練過程要持續一週，每晚都要練習，為了讓狗狗能完美達成目標，你所花費的時間絕對是值得的！在你和狗狗相處的十幾年當中，你有無數的機會回想，謝天謝地！還好當初有教牠「安定！」這個指令，不管是在獸醫院的等候室、咖啡廳、其他人家裡面，甚至當你有個難熬的一天，回到家只想躺在沙發看電視，這時候你只要下達這個指令，狗狗就會安靜趴下，不需要你分神照顧牠。這個指令絕對是所有時髦都會犬必備的技能之一！

「安定！」不是正式的、受到拘束的「停留！」姿勢。事實上，有些飼主偏好使用「不要動！」或「放鬆！」等指令。

7. 繫上牽繩出門蹓韃

跟我走

如果想讓狗狗跟著你的腳步，儘管牽繩是垂下的，牠還是亦步亦趨走在你身邊，你和狗狗一起在都會街頭輕鬆漫步，那麼這個訓練就是最好的對策！因此，這個練習要優先擺在前面，不然如果狗狗只會拉著你的手臂死命往前衝，而你在後方使盡吃奶的力氣想要控制牠的行動，這種景象不但讓人覺得難為情，有時候甚至會很危險！一旦狗狗習慣拉著牽繩拖著人往前走，通常飼主就會減少遛狗的次數，然而這卻會讓狗狗更沮喪、更難控制，就像惡性循環，對你和牠都會造成負面的影響！

如何導正狗狗的壞習慣

有這麼多狗狗習慣拉著牽繩往前衝，主要是因為牠們可以藉由這樣的行為得到好處，所以才會不斷故技重施；狗狗可以拉著你迅速衝到公園，或是牠想去的任何地方，這種模式比較像狗遛人，而不是人遛狗。

因此，遛狗訓練的初期，必須要在比較安靜的場所進行，如果選在一個忙碌的時段，當你正匆匆忙忙穿過街頭處理一些生活瑣事，或是因為時間或天氣因素讓你渾身上下都非常緊張，這些情況都不適合進行這個訓練。很多飼主都會抱怨這個練習的難度很高，然而會有類似的想法，主要是因為訓練不夠充分，如果狗狗從來沒有這種經驗，那牠怎麼知道如何藉由牽繩的導引前進，這似乎有點強「犬」所難吧！

飼主要在適當的時機介入，讓狗狗知道自己的表現否符合要求。當牠乖乖跟著你的腳步，藉由牽繩的引導前進，這時候你要適時稱讚牠，讓口令發揮作用，狗狗自然而然會知道牠做對了！如果當牠拉著牽繩往前衝時，你卻只是大叫「不要拉！」，然後站得直挺挺的，這完全剝奪牠外出散步的樂趣，到頭來狗狗還是不知道自己到底做錯了什麼！一旦狗狗表現良好，符合要求，那你要適時地讓牠知道，只要下達「好！」的指令，標示正確的行為，接著再給牠零食獎勵，藉由這種清楚明白的訊息，牠自然而然會乖乖跟著你的腳步前進！

讓「隨行」的動作更純熟

狗狗大多很難掌握隨行訓練的要領，要讓牠順著牽繩的引導，亦步亦趨跟著你的腳步前進，需要花費很多時間練習。儘管狗狗在家裡可能一下子就很熟練，但是到了室外卻完全走樣！幼犬通常只想坐在街頭，目不轉睛瞪著都市當中各種新奇的事物；年紀大一點的狗狗卻完全相反，可能只想穿越壅塞的人行道，直接衝往狗狗公園！

向都會生活全速邁進

如果狗狗喜歡像火車頭一樣拉著你，但是你卻沒有足夠時間或正處於壓力下，無法給狗狗做特訓，這時候或許可以考慮其他比較實際的替代方案，藉由套嘴鍊（Head Collar）這類型的輔助工具，搞不好可以幫你節省不少時間。這種裝置就像馬轡一樣，若是使用得當，你和狗狗都會很輕鬆，遛狗也會更愉快！千萬不要使用P字鍊（Choke Chain/Choke Collar）或是環刺項圈（Prong/Spike Collar），狗狗很容易受傷或有副作用。

遛狗時牽繩要垂下

把狗狗帶到起居室、走廊或花園，繫上附伸縮帶扣的扁平項圈，扣上一般的牽繩。開始先站直，把牽繩拉到身旁，手千萬不要被拉往狗狗那邊；一旦牽繩繃緊了，就靜止不動，手也不能懸空離開身體。你要專心注意狗狗，讓牠跟在身後，不要拉牽繩，而是要讓狗狗一直猜，你要去哪兒？牠什麼時候會得到獎賞？這樣一來，不需要外力強迫，狗狗就會乖乖跟在後面。

1 手上拿著零食，盡可能靠狗狗近一點，讓牠知道食物在那裡，當牠走近且牽繩一鬆，注視著你，你就說「好！」，然後給牠獎賞。

2 隨便選個方向走一二步，小心注意牠的位置。如果垂下的牽繩一繃緊，就站直不動或突然改變方向。牽繩在繃緊時，千萬不能隨著狗狗的方向移動半步。

3 只要牽繩一鬆，就說「好！」，並且給獎賞。重複幾次上述步驟，接下來就是遊戲時間，剛開始可以大方一點，多給些獎賞，然後逐漸嚴格，狗狗只有最好的表現才能得到獎賞。

繫上牽繩漫遊都市

就像潘朵拉的盒子一樣，狗狗其實很喜歡拉著牽繩到處閒晃，通常沒有任何訓練資訊會透漏這個秘密給你知道！狗狗會這樣做，只是因為牠們能從中獲利，而我們卻只能狼狽地被拖著跑，把主人的尊嚴維繫在一條細長的牽繩上，氣喘吁吁試圖重新掌握主控權！如果從狗狗的觀點來看，拉著繩子往前衝，才表示牠是老大，擁有絕對的主導權，牠可以決定行進的方向與節奏！

都市環境中的各種干擾

以正常的狗狗來說，如果可以自行選擇路線，牠當然會朝向充滿食物、樂趣、遊戲的目的地前進，有機會的話，牠甚至希望能卸下牽繩發足狂奔！也就是說，當狗狗拉著你往前衝，直接殺到最近的小吃店附近，散落一地的骨頭碎屑，正可以讓牠飽餐一頓；又或者把你拖到狗狗公園，你的心腸一軟，解開牽繩，牠就能盡情地跟好兄弟鬼混！凡此種種就是狗狗的目的，只要你讓牠隨心所欲，接下來牠一定會不斷上演同樣的戲碼！

不管你和狗狗在都市的哪個角落，只要你幫牠繫上牽繩，進行遛狗訓練，務必要牢記一個原則，你不能把人類的想法，直接加諸在狗狗身上，反而要以牠的角度重新檢視都市的樣貌；特別是幼犬，牠眼中所見的都市，絕對和你的認知有差距！為了安全起見，狗狗一定要學會避開潛藏的危機，在訓練的過程中，你也要隨時注意四周環境是否有干擾，這可能會嚴重影響訓練成效。

潛藏在都市的危機

人類是屬於直立行走的動物，用兩隻腳行走的我們，很少會停下來思索其他的可能性，也很難想像貼著地面行走究竟會是怎樣的情況。當我們行進時，會盡量避開路上的障礙物，像是一些街道標示等等，但是這些東西對狗狗來說可能不是那麼明顯；也可能我們沉醉在牽著狗狗散步的喜悅，卻渾然不覺狗狗已經發現前方的危險地帶，像是排水溝的格柵式清潔孔蓋，對小型犬來說就特別危險，一旦遇到這種情況，狗狗會非常驚慌、不知如何是好！

當你幫狗狗繫上牽繩，牠的命運就掌握在你手中，而你的一念之仁會讓牠的日子稍微好過點，要是你太過粗心，忽然猛力一拉、出其不意拖著狗狗走向奇怪的方向，輕者只會有點不舒服的感覺，重者甚至狗狗的脖子或脊椎會因此而受傷。有很多狗狗拚命拉著牽繩四處衝，並不是有什麼特定的目的地，牠純粹只想離我們遠一點，會發生這種情況，通常是因為狗狗的項圈或牽繩讓牠覺得難過，這也是本書為何一再強調，盡量避免使用 P 字鍊或環刺項圈的原因之一。

由味道組成的世界

狗狗藉由各式各樣的味道，架構出自己所生活的世界，這絕對超乎人類的想像！就像其他狗狗在街角留下的氣味訊息一樣，我們家的狗狗只要一看到消防栓、街燈柱頭，也趕忙上前做記號、貼廣告，昭示大家自己的性別、目前是否處於發情期、健康狀況，搞不好連年齡都記錄在上面。因此，一般人看到電線桿就會想到狗狗，牠無可避免會被吸引過去，嗅聞其他同類留下的訊息。事實上，有時候味道訊息太過濃烈，狗狗甚至會去舔，利用口腔上方的賈克布森氏器進一步解讀訊息的內容（參閱 32 頁），這種行為就像狗狗深層的嗅聞，利用口水潤濕、牙齒格格作響，把氣味當中的化學成分推向這個特殊器官，以獲得更多訊息。所有公狗都會出現這種舉動，用於尋找處於發情期的母狗。

因為狗狗對氣味如此著迷，所以當幼犬拖著你走時，不需要太過驚訝！然而，這種壞習慣還是有辦法戒掉，你和狗狗都需要重新調整，才能彼此適應。你的課題是提醒自己不要忽然轉向，把狗狗拉到街角的商店或自動販賣機，而狗狗則需要學習控制自己的衝動，不要停在每棵樹下或電線桿旁聞個不停。此外，狗狗也不需要每走幾步就停下來小便，留下自己的氣味訊息，有時候這種行為反而會讓附近區域的狗狗關係緊繃。你可以試著訓練狗狗，利用固定的散步行程，提升自制力，也就是當你們外出散步時，中間只能停留兩次，而且惟有在你的允許下，牠才能小便。如果在雨天出門遛狗，你會很慶幸，還好狗狗有養成這個好習慣！

被狗狗拉著走，你可能會覺得難為情、不舒服，有時候甚至會很危險，然而這並不是無解的難題。不管狗狗的體型大小為何，只要經過適當的訓練，牠們都能藉由牽繩的導引，乖乖跟隨你的腳步前進。

街頭實戰操練

「交通概念」並不是狗狗與生俱來的本能，就算是終其一生都生活在都市裡面的老狗也跟幼犬沒兩樣，一不小心就會發生街頭意外！身為狗狗的照護人，你有責任義務隨時確保狗狗的安全。藉由下文的街頭實戰演練，讓家中成員輪番上陣，幫助狗狗學習如何面對都會環境中的各種狀況！

如何面對繁忙的交通

交通安全是所有訓練最重要的一堂課，當狗狗站在路邊面對來往的車輛，牠需要非常冷靜自信，才能避免發生意外。你千萬要牢記，面對各種型態和流量的交通狀況，狗狗也會有不同的反應，儘管牠可能很快就適應一般車輛的燈光和聲音，但是如果遇到卡車或巴士，因為這種重型車輛通常是利用空氣氣壓推動剎車系統，一旦停下來就會發出氣聲，這對狗狗來說，又得重新適應！

狗狗大多很快就知道如何面對交通狀況，如果從幼犬時期就開始訓練，讓狗狗多接觸外界環境，按部就班掌控學習進度，會更容易進入狀況。然而還是有些狗狗會過度緊張害怕，到處躲、試著要跑開、渾身發抖。狗狗會用肢體語言表達自己的情緒，當牠耳朵往後、尾巴夾在兩腿之間，就表示牠很痛苦。只有極少數的狗狗，特別是牧羊犬這類型的犬種，面對繁忙的交通，牠們會朝著來往車輛狂吠，甚至追著車跑。

狗狗過於緊張時的處理方式

如果你們家狗狗看起來有點緊張，沒辦法馬上適應來往車輛的燈光、聲音、廢氣，或許你需要採取比較安全的方式，不要一下子給牠太大的刺激。剛開始先選擇一條比較安靜的馬路，和狗狗一起坐在旁邊觀察，試著讓牠慢慢了解，這些車子不會傷害牠。在整個過程中，你可能會忍不住想要摟著牠，讓牠安心，不過這卻會產生反效果，狗狗會因為你的動作產生誤解，以為恐懼才是牠該有的正確反應。因此，只有當牠表現出很勇敢的樣子，或是完全忽視來往車輛，你才能稱讚牠、拍拍牠！

最慘的狀況可能是狗狗極度害怕或試圖追著車跑，為了安全起見，你最好幫牠戴上套嘴鍊或胸背帶，並求助於專業訓犬師或動物行為專家。訓練這類型的狗狗要特別注意，你可能需要花幾週甚至幾個月的時間，才能讓牠在面對來往的車輛時依然保持平靜；一旦遇到這樣的問題，絕對要小心處理，不然對路人、對狗狗、對你，都可能是潛藏的危機！

馬路如虎口，狗狗要當心

不管是幼犬和年紀大一點的狗狗，都應該要學習街道散步的基本禮儀，確保你和狗狗能夠平安通過馬路，你不會被牠拉著跑、牠也不會被你拖著走！在過馬路時，狗狗最好能坐下等待，直到你下達指令，才能起身穿越馬路；在你不需要拉著牠的情況下，踏著瀟灑的腳步，毫不遲疑地跟著你前進。如果要達到這樣的境界，當然需要多多練習，然而狗狗最終還是會掌握到其中的關鍵，只要一靠近路緣石，就自發性坐下，等待你下達通過的指令！

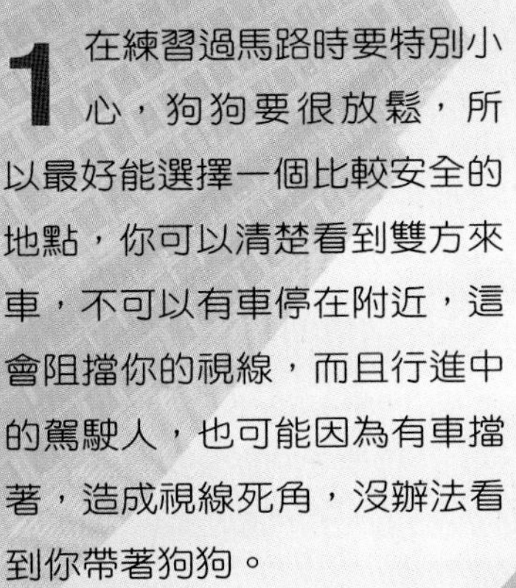

1 在練習過馬路時要特別小心，狗狗要很放鬆，所以最好能選擇一個比較安全的地點，你可以清楚看到雙方來車，不可以有車停在附近，這會阻擋你的視線，而且行進中的駕駛人，也可能因為有車擋著，造成視線死角，沒辦法看到你帶著狗狗。

2 你可以用零食輔助，讓狗狗的注意力集中，引導牠走到路緣石邊，要求牠坐下。如果來往的車輛很多，你們必須要等一會兒，這時候你可以間歇地餵牠，務必要讓牠把注意力集中在你身上，直到你們準備過馬路為止。

3 一旦道路兩旁沒有來車，你和狗狗就可以安全地通過。首先，你要下達指令，像是「現在可以過了！」，讓牠從容地跟著你。在過馬路時，隨時要注意交通狀況。如果狗狗鎮定地通過馬路，記得要給牠口頭鼓勵；要是牠沒有拉著你亂衝，牽繩一直垂下，當然還要加上實質的獎勵，奉上好吃的零食！

如何面對各種干擾

對狗狗來說，整座都市充滿各式各樣的干擾，雖然挑戰性很高，卻也充滿樂趣！當路人停下來對狗狗行注目禮時，看起來會是很溫馨的畫面，但如果正值訓練期間，卻可能影響最後的成效！解決之道就是事先做好預防措施，訓練狗狗習慣各種都市環境可能出現的干擾因素，讓牠以正確的方式做出回應。

如果路人想摸狗狗，要怎麼辦？

基於禮貌，路人在摸狗狗之前，應該先經過主人同意，然後讓狗狗聞一聞他的手，接下來才能撫弄狗狗的胸部，不過這只是理想的狀況！在現實環境中，路人大多不會出聲詢問，卻在無預警的情況下，直接把手伸到狗狗的頭上。為了讓狗狗早點適應都會生活的步調，最好能在家裡先模擬實際的狀況。你可以把自己當作狗狗練習的對象，試著伸手放到狗狗頭上，接下來再給牠零食獎勵。如果你把整個訓練當成遊戲跟狗狗玩，牠就會認為人們把手放在牠頭上是一種鼓勵，因而樂在其中，不會閃躲！

如果路人想餵狗狗，要怎麼辦？

餵食是人們表達喜愛的一種方式，儘管如此，當你不在狗狗身邊，如果其他人想餵狗狗時，還是得試著不讓牠接受。當然，狗狗最好不要吃散落在街頭的食物，甚至在咖啡廳或公園裡，有人想要餵牠也不行。一旦遇到這種狀況，最好由你先主動開口，禮貌地告訴對方，狗狗目前正在執行嚴格的飲食控制，不能夠吃零食。你也可以應用「別碰！」這個練習（參閱 80-81 頁），訓練狗狗拒絕他人餵食，除非是由你遞交給牠，否則都不能接受。

如果其他狗狗接近，要怎麼辦？

雖然社會化訓練的目標是要讓狗狗更順從、更積極面對都會生活，但是偶爾卻會有一些突發狀況，像是陌生狗狗突然衝出來，就會讓自家狗狗的訓練成效遭受極為嚴苛的試煉！其他狗狗如果很友善，你可以試著放鬆牽繩，盡可能讓牠們自然地打招呼。不過要是對方充滿敵意，或主人不在場，最好的處理方式是讓狗狗把注意力集中在你身上，你可以要求牠坐下，持續和牠保持眼神交流，讓狗狗靜下來，緩和一觸即發的緊繃情勢。若是你們家的狗狗是小型犬，當其他狗狗接近時，要特別注意你自己的反應，一旦你直接把牠抱起來，這可能會讓對方更想跳到你身上，同時也會妨礙狗狗彼此用自然的方式打招呼！

如果小朋友奔跑或尖叫，要怎麼辦？

擁擠的都會生活，人與人之間住得很近，所以小朋友也很多，他們通常聚集在學校的遊戲場玩耍，或是在街上或公園裡騎腳踏車。如果你們家狗狗是都會生活的新手，這對牠就像雙面刃一樣。小朋友所產生的噪音和不按牌理的移動模式，雖然很具威脅性，不過狗狗也可能因此而特別興奮！總而言之，還是讓狗狗把注意力集中在你身上，同時要常常帶狗狗出門，讓牠習慣小朋友四處衝撞的景象，久而久之就會見怪不怪，把這些當作日常生活的一部分！

突如其來的噪音：警鈴或警報器

突如其來的噪音、警車鳴笛、汽車警報器，凡此種種都是都會生活的元素之一。雖然我們很少會聽到這些聲音，不過因為人類已經很習慣各種干擾，不會因此而大驚小怪，但是對於聽覺敏銳的狗狗而言，卻很難忽視這些聲音。面對這種狀況，你只要記得一個原則，狗狗凡事以你為標竿，如果你有反應，牠也會隨之起舞，一旦你表現平穩、完全忽視噪音，狗狗也會跟你一樣！

學習如何面對各種干擾也是都會生活的一部分，不管是什麼狀況，你都要處變不驚，保持平靜、放鬆，久而久之狗狗也會有樣學樣，見怪不怪！

伸縮牽繩的使用

儘管都市環境非常擁擠，但是其中還是有很多區域，能讓狗狗享受多一點的自由。不過一切還是要在你的掌控下，以你為中心，為狗狗打造一個安全的活動空間，這時候伸縮牽繩就是非常好用的輔助工具。然而在使用上還是有些嚴格的限制，利用這種工具遛狗時要特別注意，千萬不要讓狗狗受傷。

都市環境充滿擁擠的人潮、車潮，四周還有其他狗狗環伺，狗狗在沒有繫牽繩的狀態下，很容易發生危險，然而固定長度的牽繩，卻讓牠的行動受限，這時候如果改用伸縮牽繩，狗狗或多或少還能享受一點自由！不過使用這種工具有一些限制，必須要非常熟練、保持高度的警覺性，同時要嚴格遵守下面的規定。

你應該做的事

* 在適當的情況下，狗狗還是可以跟其他狗狗打招呼，盡量讓狗狗維持正常的社交行為，不需要特別把繩子拉緊，因為這可能會造成反效果，往後如果其他狗狗一接近，牠可能會表現出威嚇的行為。
* 隨時要注意環境中潛藏的危機，像是停車收費器、樹，甚至其他人或狗，只要繩子不小心被纏住，對你和狗狗都很危險。
* 當狗狗拉差不多到伸縮繩的極限範圍時，記得要先提醒牠，你可以用「停止！」口頭警告牠，接著把控制卡榫往下按一半，這個聲音是個提醒，不需要多久狗狗就知道自己應該把動作放慢。一旦伸縮牽繩被拉到盡頭時會非常緊繃，狗狗脖子可能會因為強勁的拉力而受傷。

伸縮牽繩非常好用，不過使用時要特別小心，隨時提高警覺，注意四周環境，才能避免意外發生。

你不應該做的事

* 不管發生什麼事都不能直接抓住繩子，這可能會讓你的手或手指受到嚴重的傷害，因為在強大的張力下，伸縮牽繩就像金屬線一樣，很容易被割傷。
* 千萬不要讓伸縮牽繩穿越特定區域，像是腳踏車、慢跑、溜冰、滑板這些運動會經過的路線，如果發生嚴重意外時，繩子可能會把人勒死。
* 伸縮牽繩的使用，絕對不能操之過急、粗心大意。如果你們家狗狗是小型犬，當你希望他離開地面時，你可以幫牠解開項圈或用控制手把提醒牠。在抱牠之前，記得先把手伸到屁股下面，支撐牠身體的重量。

8. 和狗狗一起生活

都市生活的延伸

每個人的都市生活都是由不同面向所組成，我們希望多花點時間和狗狗相處，也希望和朋友保持聯繫，享受都會生活五光十色的社交圈。為了兼顧這二種需求，狗狗必須接受一些社交禮儀訓練，這樣當你外出時，也可以帶牠出席，既能照顧狗狗，也不會犧牲你原有的生活圈！

購物機會

雖然你愛狗狗，然而這並不表示你需要因此放棄自己的購物慾！有些購物中心和商店還是允許狗狗進入，只要牠表現良好，在你嚴格的管控下，牠還是能和你一起享受血拚的樂趣！雖然大家都喜歡狗狗，但是商店員工更擔心店裡的商品和擺設遭受破壞，昂貴的套裝上如果沾了幾根狗毛，可能就賣不出去了，所以你最好要提升狗狗的自制力，不要讓牠到處聞來聞去！

大型購物中心一般都會有大坪數的開放空間，聲量驚人的音響設備、容易滑倒的地板，這些都是你帶狗狗出門購物之前，要先考慮的因素。既然這是狗狗都市生活中的一環，牠就必須學會適應，只要一再重複暴露在這種特殊環境下，久了自然習以為常。對於購物狂來說，沒有什麼藉口可以阻止他瘋狂血拚！

咖啡聚會

在繁忙的都會，你和狗狗一起，不管是慵懶地坐在室外咖啡座，或是挑張長椅、啜飲一杯香味濃郁的咖啡，這會是多大的享受！對狗狗來說，能夠輕鬆接受社會化過程的洗禮，也是最好的方式！然而，要達到這種理想，還需要狗狗配合，牠必須先學會安靜待在你腳邊，不會被過往的行人干擾，若有人接近跟牠打招呼，牠也會和善地回應對方。

如何上下樓梯

雖然我們會覺得很奇怪，但是狗狗剛開始看到樓梯時，通常不知道該如何反應。如果家中幼犬以前沒有爬樓梯的經驗，你可以把步調放慢，鼓勵牠、引導牠；狗狗大多很快就抓到上樓梯的訣竅，不過下樓梯對牠來說似乎比較困難。儘管如此，你千萬不能強拉狗狗下樓，或許你可以試試看用零食引誘牠，把食物放在比較低的梯階，讓狗狗看得到，激發牠往下的動力，給牠多一點時間，當牠開始嘗試下樓時，也不要吝於給牠讚美！

一旦狗狗學會如何安全下樓之後，緊接著又有其他的問題，當你和牠一起下樓時，通常你會被牠拖著跑！為了安全起見，如果你的狗狗是大型犬或力氣很大，你最好使用套嘴鍊，同時也要多花點時間進行訓練。下樓梯時，你一定要在前方主導，讓狗狗跟著你的腳步，每走一步，就要求牠等一下，如果狗狗表現良好，記得要給牠一點獎勵！

如果經過適當的訓練，狗狗會是你在咖啡館最佳的伴侶，然而當你們坐定位之前，記得先幫牠確認一下，桌面下是否有其他異物。

不過理想終歸是理想，如果你沒有盡自己的本分，花時間訓練狗狗，理想永遠不會有實現的一天！因此，狗狗的居家訓練還要多一樣功課，你要坐在椅子上，要求牠乖乖待在身邊（參閱82頁）。室外的實戰演練，也是一樣照表操課，但是因為外面環境不比家裡，狗狗沒那麼熟悉，所以要特別小心，千萬不能把繩子綁在椅子上或桌腳，因為當你和朋友正聊得起勁時，可能會疏忽腳下的繩子，為了避免發生意外，你一定要用手緊握牽繩！

坐在戶外咖啡座，你和狗狗眼中看出的街頭文化，一定是截然不同的景象，所以在你們選定座位前，你最好先檢查桌面底下，有沒有散落一地的垃圾、碎玻璃、別人亂丟的食物，因為這才是狗狗所接觸的世界！如果你熱愛咖啡，喜歡出門定期和朋友聚會，記得幫狗狗準備一條小墊子，可以鋪在牠的座位上面，不但可以確保牠的安全，藉由這個訊號，牠也能清楚知道自己應該怎麼做。現在非常流行狗狗側背包，不過把狗狗放在包包裡面，雖然能確保牠的安全，但卻剝奪了牠正常社交的機會！

旅行日誌：搭車

搭車旅行是都會生活不可或缺的一部分，就算你自己沒車，狗狗還是有機會搭車，所以還是需要學習如何上下車，安靜坐在後座，除了不能亂吠、不能扭來扭去，也不可以製造任何麻煩讓駕駛分心。因此，幼犬的行車禮儀訓練要及早開始，讓牠學會如何當個搭車乖寶寶！

狗狗的搭車之旅有很多需要學習的，不管是直接坐在後座、繫上犬用安全帶，甚至放在狗籠裡，都是不太一樣的經驗。千萬不能讓狗狗坐在駕駛旁，或是沒繫安全帶直接坐在你後面，如果發生車禍，這對你和狗狗的安全，都是非常大的隱憂！

上車

教導半成犬或成犬進入車內非常簡單，但是仍然有很多飼主會抱怨，就算狗狗已經 18 個月大了，在上下車時，還要幫牠把重達 30 公斤的身軀抬上抬下。如果你養的是小型犬或當狗狗還是幼犬時，當然要協助牠上下車，把牠抱進車裡面，適當地限制牠的活動，避免發生危險。不過要是狗狗是半成犬或是大型犬，就需要學習如何上下車，你可以把牠的前腳放在車座的邊緣，稍微等一下，接著再把牠的屁股抬起來。一旦狗狗已經是成犬了，你可以試著放些零食在後座，用「上！」的口令鼓勵狗狗，接著就等牠自己跳進車內。只要稍加訓練，狗狗很快就能學會上車的訣竅。

乘車禮儀

當你在開車時，千萬不能讓狗狗把頭伸到窗外，雖然這樣看起來很可愛，不過卻很容易發生意外，空中飄散的碎片很可能會刮傷狗狗的眼睛。如果這是防禦訓練，當然可以允許狗狗對路人、腳踏車騎士或其他車輛吠叫，然而搭車和防禦行為並不能相提並論，儘管這樣不會直接傷害對方，但還是要制止狗狗吠叫的行為，因為這會干擾其他人，甚至危及其他用路人的生命！

下車

狗狗下車的整個過程，你一定要完全掌控牠的行動，千萬不能掉以輕心，每次都要謹慎。除非在你的要求下，否則狗狗絕對不能跳下車，這是安全守則中最重要的一條。你可以試著想像下面的情況：如果你的車拋錨了，或是在高速公路上前輪忽然爆胎，等待維修車或拿備胎時，這時候當然要叫狗狗先從後座下來。一旦車子發生這些狀況，屆時你就會覺得很慶幸，你之前的教導終於發揮作用，狗狗訓練有素的從車上跳下，完全在你的掌控當中，儘管發生意外，但狗狗卻沒有讓情況更糟！

1 為了安全起見，當狗狗在車上時，一定都要繫上牽繩，天窗或車門只能稍微開一個縫隙。你要用非常堅定的語調下達指令「等一下！」，如果狗狗鼻子一靠近車門口，立即把門關起來，千萬要小心，不要夾到牠的鼻子，只要在牠面前把門關上就好了。接下來不斷重複上述步驟，直到狗狗明白，一旦牠往前移動，門就會關上，惟有往後退，門才會打開。狗狗大多能很快進入狀況，差不多練習 6 次，就能掌握訣竅，知道如何控制自己的行為。

2 現在把門完全打開，這時候狗狗還是要待在車內，伸手把牽繩抓好。如果牠一動，就再度把門關上；然而，要是狗狗乖乖等待，就可以下達「出去！」的指令，接著用牽繩引導狗狗下車。聰明的狗狗很快就知道整個規矩的運作模式，不過每次上下車時，你還是要一再加強牠的熟練度。只有當你握著牽繩，而且已經下達指令，否則狗狗絕對不能跳出車外！

旅行日誌：搭乘其他交通工具

儘管剛開始養狗時你可能沒想那麼多，然而狗狗在未來的都會生活當中，還是有機會搭乘各種形式的交通工具，火車、電車、巴士、飛機，甚至船都有可能，如果你希望在外出時盡可能帶著狗狗，那就需要多花點時間和耐心，讓牠習慣這樣的經驗。為了你和狗狗幸福的未來，現在一切的努力都是值得的！

火車和電車

跟狗狗一起搭乘火車或電車，應該是非常有趣而放鬆的旅程，你比較沒有壓力，也不需要特別注意路況，能夠盡情享受狗狗的陪伴，而其他乘客也會因為狗狗良好的教養，頻頻對牠行注目禮！類似這樣的旅程，最重要的是讓狗狗學會依照指令安定下來（參閱82頁）。此外，狗狗也不能跳上座椅，爬到其他乘客身上，當他們經過時，也不能撲上去，就算狗狗是出於善意，還是不允許這種舉動！

如果為了方便起見，你可以把家裡的小型犬裝在運輸籠裡。現在市面上有很多軟性質輕的運輸籠，不用時還可以收起來。在陌生的環境下，類似這種工具，可以讓狗狗有安全感，雖然出門在外，還是能像家裡一樣舒適。然而在實際使用之前，狗狗還是要先習慣待在裡面的感覺，整個訓練過程就跟室內狗籠一樣（參閱42-43頁），你需要多花點時間，確保狗狗在運輸籠裡面還是非常安穩，只有當牠習慣這種感覺之後，你才能把籠子提起來。

如果狗狗沒有經過訓練，不知道要等到你下指令之後才能離開，這種情況就會有點棘手。你可以使用「等一下！」（Wait）這個指令，讓狗狗在門邊停下來稍候，這在家裡就能練習，面對各種情況都能使用。

對沒有搭過火車的人來說，頭一次的經驗可能既慌亂又緊張，這和在一般平面上移動的感覺完全不同，所以如果你將來預計和狗狗一起搭火車旅行，最好早點讓狗狗習慣以後可能會面對的景象和聲音！

若是你預備下火車，記得讓狗狗在你身邊坐下（參閱 76-77 頁），一旦你要離開，記得要下「走了！」的指令，然後才帶牠下火車。如果你需要在月台上整理行李或釐清方向，記得再次要求牠坐下；在你準備好離開之前，務必要讓牠保持冷靜穩定。

搭乘飛機海外旅行

現在已經有越來越多的寵物跟飼主一起旅遊，讓你在渡假勝地享受更多樂趣！很多國家都設立了寵物護照制度，讓寵物在過境時不需要經過隔離檢疫的手續。相關規定有很多限制，為了以防萬一，飼主在出國前六個月，最好預先跟當地獸醫確認細節。儘管狗狗可以搭飛機，但是大多都要關在貨艙的箱子裡。

寵物計程車

很多城市現在都有寵物搭載服務，讓牠們能在美容院、狗狗托兒所、獸醫院之間自由往來（參閱 66-67 頁），這對忙碌的飼主來說實在是一大福音。不過在你離開之前，務必要親眼看到業者的載送方式，並清楚知道由誰負責照顧狗狗。

狗狗提袋

近來都市的時尚工業也很重視寵物市場，古奇（Gucci）甚至要求購買狗背包、狗提袋的顧客一定要用來裝吉娃娃或體型嬌小的約克夏梗。儘管把狗狗裝在提袋穿越市區，可以讓牠免於被踩到，然而因為提袋的局限性，牠沒辦法正常活動，嗅聞、散步、奔跑、和其他狗狗互動、對其他人撒嬌。因此，如果你把狗狗裝進提袋裡，一旦放牠出來之後，務必要讓牠有機會活動筋骨，這對狗狗來說，可是非常重要的！

暈車

很多幼犬第一次搭車時都會暈車，這種情況大多是因為移動造成不適，然而這當中也可能夾雜著緊張的成分。最好的解決方式如下，當狗狗空腹時，試著多載牠進行短程旅行。狗狗就和小孩子一樣，對汽車移動的感覺越熟悉，越容易適應！

狗狗體能訓練：跑步

狗狗需要足夠的運動量以保持健康，不過這在都市環境卻是困難重重。在經過一整天辛苦工作之後，或許你只要繞著住家周圍跑一圈，這樣的運動量就已經讓你氣喘吁吁，然而這對大多數的狗狗來說都只能算是熱身罷了！在理想的狀況下，最好能夠兼顧你和狗狗的需求，一起享受運動的樂趣，讓彼此都能獲得最大的利益。

多少的運動量才夠？

狗狗所需的運動量，不是單純的數學公式就能得出答案，這跟年齡、品種、整體健康狀況有關，也要把牠一天當中所受的身心刺激考慮在內。運動時間的長短和類型也要隨著天氣狀況而調整，在炎熱的區域，狗狗對運動的耐受度比較低，過熱的情況會對狗狗健康產生負面影響。

一般而言，健康的成犬需要大量的運動，只要你的情況允許，應該盡可能滿足牠的需求，每天至少遛狗兩次，每次 30 到 45 分鐘，其中一次最好能讓卸下牽繩，讓狗狗能自由跑一跑。然而超大型犬的情況比較特殊，需要提高散步頻率，但是每次時間稍短。很明顯的，小型犬所需的運動量比較少，光看腿長，就知道牠行走的距離比較短；但是千萬不要被一些小型犬的體型所迷惑，像是迷你雪納瑞、傑克羅素犬就非常熱愛運動，其運動需求量不亞於大型犬！

帶幼犬出門散步主要是接受社會化過程的洗禮，也就是說當狗狗還小時，最適合的運動就是散步，偶爾當然可以讓牠發洩一下精力，但是千萬不要過量，當牠在硬舖面上跑步時要特別小心，還未成型的關節很容易受傷。幼犬如果缺乏運動，會造成一些健康方面的問題，骨頭和關節需要有適度的抗力才能正常發育，所以千萬不能掉以輕心！

和狗狗一起慢跑

想要跟狗狗一起跑步，需要做一些準備工作。首先要讓狗狗學會不要拉著牽繩，很多跑者都習慣把牽繩繫在自己的皮帶上，而不是用手抓著，也就是說為了安全起見，狗狗應該先學會如何流暢地跟著牽繩的方向前進（參閱 84-85 頁）。現在有一些為跑步而設計的特殊牽繩，當你和狗狗一起跑步時，手不需要直接握著繩子，這對都會運動來說很實用。然而狗狗還是要有一點基本認知，不管牠往那個方向拉牽繩都沒有用，只有當牠乖乖跟在你身邊跑才能得到獎賞！就像其他運動的目的一樣，慢跑可以提升狗狗的體適能和肌耐力，剛開始先慢跑 1 分鐘，接著走 2 分鐘，跑走交替，重複相同的規律，逐漸提升狗狗的體適能，也讓牠明白整個運動的節奏。你可以逐漸增加每一小節的速度，盡力衝刺，跑遠一點，不過隨時都要小心觀察狗狗的反應，牠是不是累了？有沒有過熱的傾向？牠也是主角之一，當然也要享受跑步的樂趣！

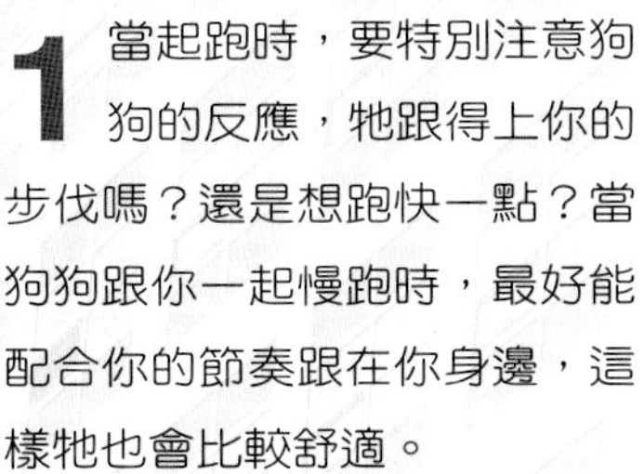

1 當起跑時，要特別注意狗狗的反應，牠跟得上你的步伐嗎？還是想跑快一點？當狗狗跟你一起慢跑時，最好能配合你的節奏跟在你身邊，這樣牠也會比較舒適。

2 千萬要記得，一旦狗狗起跑之後，就不會預期你什麼時候可能會停下來。所以當你在轉彎、遇到叉路或阻礙需要停下來時，你要先下達口頭指令，接著再放慢速度，讓狗狗有個緩衝時間。

3 當你和狗狗在都會街頭慢跑時，一旦遇到叉路或需要穿越馬路，就算你們是在固定地點，還是必須遵守路緣石法則。牠必須先坐下來等待，直到你下達指令，牠才能穿越馬路（參閱 88-89 頁），而且整個過程，都要在你的掌控下進行。

狗狗體能訓練：陸地和水域

除非你所生活的都市建立了一座人狗共用的健身房，否則就需要另找出路，讓你和狗狗可以一起運動維持健康，不過你也不需要太過操心，這種過程不但很有挑戰性、也很有趣！從狗狗的觀點來看，牠覺得很興奮的事物，不見得會引起你的共鳴，有些犬種甚至比較喜歡窩在沙發上，反而對一般的健身運動沒興趣。如果你們家狗狗對單純跑步這類型的運動不熱衷，或許你該想些其他方式，讓牠能夠發揮自己與生俱來的本能！

騎單車

騎單車遛狗聽起來似乎是個不錯的主意，在鄉間小路享受新鮮空氣，狗狗同時也有活動筋骨的機會！對某些狗狗來說，這可能是提升體適能最好的方式，但對多數的狗狗而言，跟著單車一直跑真的是件苦差事。儘管狗狗天生就是長途追蹤的好手，不過卻是要以固定的步調前進，速度介於走路和跑步之間。小跑步模式可以讓狗狗保存能量，以非常舒適的方式前進，但如果你要牠乖乖跟著腳踏車跑，難度真的很高。

想要在都市裡面騎單車遛狗，需要花很多時間練習，然而都市環境中有太多的干擾，車輛、路人、其他腳踏車騎士和狗狗就在四周來來去去，所以你們彼此都要學習適應，才能讓狗狗用小跑步的方式穩定跟著單車前進。目前市面上有種特殊的減震彈簧，可以讓你把牽繩繫在單車上，避免狗狗的移動影響你騎車，你也比較不會晃來晃去。總而言之，你還是要小心一點，因為只要發生意外，你和狗狗都可能會受傷。當狗狗跟著單車跑時，牽繩都要維持鬆弛的狀態，如果牠一拉扯，不只會影響你，牠的肌肉和關節可能也會扭傷。

如果你想要騎單車遛狗，需要非常小心控制，狗狗的身體狀況要保持在最佳狀態，而且必須要1歲以上的成犬才能進行這個訓練。

與狗狗有關的俱樂部或活動

繁忙的都市通常會讓人感覺冷冰冰的，一點都不人性化，儘管人與人之間的接觸如此頻繁，卻很少有機會遇到興趣相投的同好。不過只要你養狗之後，其他飼主通常會很樂於分享他們自己的養狗經，也因此衍生出各種有關的俱樂部或社團，很多樂於和狗狗一起運動的朋友就會加入，想法雷同的夥伴們彼此交流心得，享受和其他狗狗相處的樂趣！

這類的俱樂部、協會、社團非常多樣化，有些可能比較偏向競賽性質，定期舉辦狗狗表演秀、活動或比賽，其他可能就純粹出於興趣，讓愛狗同好有機會聚在一起交流。目前最熱門的狗狗活動通常會將敏捷犬訓練融入其中，狗狗必須要學會通過各種障礙物，像是專為狗狗設計的行走路線、隧道等；飛球比賽則是結合跨欄和尋回訓練，速度要快而精準；甚至還有狗狗舞蹈比賽，讓狗狗配合一小段音樂，作出一些表演動作。

溜直排輪

跟狗狗一起溜直排輪也跟騎單車類似，要小心千萬不要受傷，或許被脊背犬（Ridgeback）以超高速拖著跑的感覺可能很酷，然而一旦牠發現旁邊有隻松鼠，那你可就要當心了！如果要玩這種超高難度的遊戲，必須把狗狗控制得很好！

跑步機

因為狗狗不知道如何控制跑步機的速度，所以偶爾會發生一些意外，牠只能照著固定的速度跑，不但會覺得不舒服，甚至會造成肌肉拉傷、過熱、虛脫。在健身房使用跑步機運動，可能只適合人類，其他活動應該更吸引狗狗！

游泳

游泳是非常棒的運動，很多狗狗都很熱衷！而且這對身體的衝擊比較小，對於特定犬種而言，還能讓牠們發揮天性，進行水中尋回遊戲；尤其在大熱天，一下水馬上暑氣全消！有些都會公園附有水池或湖泊，如果你幸運一點，搞不好住家附近就有專為狗狗設計的游泳池，你甚至可能有機會跟狗狗一起游泳，這種感覺應該很像和海豚玩吧！但是都市裡面的水池或水體設施，通常不允許狗狗進入，所以當你們在附近區域活動時要特別小心。

帶狗狗一起工作

在以前帶狗狗一起進辦公室聽起來有點不可思議，甚至會被炒魷魚！然而面對壓力繁重的都會生活，有些公司卻突發奇想，試圖打破成見，根據他們的理論，如果讓教養良好的寵物陪著員工一起工作，反而會有效提升大家的工作情緒。但是為了符合公司的相關規定，狗狗還是必須遵守非常嚴格的行為守則。

讓獵犬跟著你上工！

只有公司的性質許可，才有可能定期讓狗狗跟著你一起去上班；不過還是有很多工作的屬性特殊，狗狗的存在非但不是負擔，甚至能幫公司的形象加分。但是當你帶狗狗一起工作時，還是必須考慮狗狗本身的福利，以及同事和顧客的觀感。如果你想讓狗狗成為一隻快樂的工作犬，主觀及客觀的環境必須符合下列條件：

* 辦公室附近應該能提供適當場所，讓狗狗可以去上廁所，午休時間也可以帶牠出去活動一下筋骨。雖然這聽起來好像理所當然，不過狗狗在一整天當中，需要適度的休息放鬆，一隻辦公室狗狗最可能發生的意外，莫過於不小心在公共場合大小便。其實這並不是牠單方面的問題，你也需要負起責任，身為狗狗的主人，不管你在辦公室有多忙，還是要定期帶狗狗到室外方便。狗狗是習於固定生活模式的物種，一旦牠學會在特定時段外出上廁所，接下來你也必須遵循這個模式！
* 當你正忙於工作時，必須要讓狗狗有地方可以睡覺或休息，這個地方要非常安靜，讓牠有安全感；經由適當的訓練，當主人因為工作而離開時，狗狗也可以乖乖待著，甚至直接趴下睡覺。如果你在接電話或因為其他事情分心時，為了避免狗狗惡作劇，可能需要適度地限制牠的活動，或先把牠關起來，不過有些狗狗其實不需要太過操心，因為牠們自己就很喜歡躲到桌子底下。

辦公室狗狗會是工作團隊的開心果？還是搗蛋狗？

為了安全起見，或許你可以試試看把狗狗放在室內狗籠裡（參閱 42-43 頁），這可以你讓你省卻不少麻煩，也不用擔心狗狗偷吃同事的三明治，發生這種情況真的會很糗！

* 在長時間的放鬆狀態下，狗狗不需要把注意力放在你身上，所以牠必須先學會自得其樂。當你在忙的時候，牠要能自己安靜地咬狗骨頭或玩玩具。這其實並不難（參閱 130-131 頁），不過還是需要一點練習；你可以從家裡帶一些狗骨頭或玩具，這會讓牠更容易進入狀況。
* 隨時為狗狗準備充足的飲水。雖然這對狗狗來說是基本的需求，不過在緊張忙碌的辦公環境下，卻可能造成一些問題。記得不要把水碗放在同事可能會行經的路線上，而且附近也不能有電纜線。
* 狗狗的個性要很友善；就算你是老闆，也不能把一隻難搞的狗狗弄到辦公室，如果牠會亂吠、性情陰晴不定，這對同事和客戶都會是很大的困擾。不是每個人都喜歡狗狗，當你決定帶狗狗跟你一起工作之前，務必要考慮清楚，你是不是真的要擔這個風險。在辦公室裡面，決不允許有任何破壞性或攻擊性的舉動，這適用於人類，也適用於你的狗狗！
* 不管周遭發生什麼事，狗狗都必須要保持絕對安靜，當你在講電話、當你正集中注意力、當你正歡迎客戶進到辦公室，在任何狀況下，狗狗都要保持冷靜，也不能發出聲音。一旦有陌生人進入狗狗的領域範圍內，牠通常會狂吠，所以你勢必要多花點時間和精力，讓狗狗調整自己的行為。這可以預先在家裡練習，利用客人造訪的機會，讓狗狗去迎接，並且要求牠乖乖趴下待著；如果牠跳到客人身上或亂吠，一定要制止牠，這是初階入門課程中最重要的一環（參閱 109 頁）！

帶狗狗一起工作
需要隨身攜帶的物品

✓ 一定要準備牽繩，以備不時之需。
✓ 狗骨頭或玩具，讓狗狗沒辦法分心。
✓ 毛巾，用來清潔牠的腳掌或下巴。
✓ 一整組清潔用品，包含袋子、紙巾、清潔劑、空氣芳香劑。
✓ 狗狗急救箱，以防萬一。
✓ 狗狗每天的飼料，不需要整個搬去辦公室，但絕對要帶一些，如果你加班的話，就可以派上用場。
✓ 裝在密封罐裡的零食，如果牠在辦公室表現良好，就可以當作獎勵！
✓ 水不會濺出來的飲水碗。

在狗狗公園應注意的禮儀

狗狗可以解下牽繩的遊樂區或狗狗公園通常是戶外空間，在那裡飼主可以讓自己的寵物盡情奔馳，四周可能會有柵欄，也可能完全沒有任何區隔。佔地幅度可能小至 0.4 公頃或大到看不到邊際；裡面可能會有水景、廁所、遮雨棚、樹，不過也可能什麼設施都沒有。不管如何，裡面絕對會有很多狗狗，所以我們家小寶貝一定要先學會相關禮節，表現最好的一面！

如何進出狗狗公園？

都會中的狗狗公園，入口處通常都有雙重閘門，提供一個過渡空間，讓狗狗進去前預作準備，因為裡面已經有一大群狗狗，如果貿然闖入，可能會發生意外；在進入等待閘口之前，務必幫狗狗繫上牽繩，而當牠還沒看到其他自由奔馳的夥伴時，就要把牽繩解下。

在你講電話期間，千萬不可以讓狗狗跟其他同類一起跑，你必須要隨時跟牠在一塊兒，只要狗狗跟自己的好兄弟玩瘋了，會完全忽視你的存在，這可能讓你之前苦心訓練的成果毀於一旦！

飼主大多會帶自家狗狗到當地的狗狗公園玩，不但頻率很高，而且時間固定，也就是說當你每天在特定時段到那邊遛狗的話，常常會遇到一些熟面孔。這會讓你們家狗狗有機會結交到一些好兄弟，牠會覺得很安全，也很習慣跟這些熟悉的好朋友一起玩。然而你還是要小心一點，千萬不要讓狗狗成群結隊、佔地為王，欺負其他狗狗，也不能允許牠太過任性，壞習慣一旦養成，以後就很難改！

在狗狗公園想要召回自家狗狗，絕對不像在家裡那般容易，當你想要離開時，牠也不見得會心甘情願跟你走。你可以讓牠多點時間練習，儘管是在公園裡面，但是只要你一召喚，牠就要回到你身邊，接著再讓牠自由奔馳，這樣一來，牠就猜不透你的心意，不知道回家的正確時間！

行為守則

下面條文適用於一般的狗狗公園：

* 飼主是狗狗法定負責人，任何牠所引起的傷害和損失，都要由飼主承擔一切責任。
* 所有狗狗造成的廢棄物都要清理乾淨。
* 在進出狗狗公園時，狗狗都要繫上牽繩，而且你隨時都要帶著牽繩。
* 在不需要上牽繩的區域，每個人以 3 條狗狗為限。
* 如果有小孩的話，你要就近監控狗狗的一舉一動。
* 禁止 8 歲以下的孩童入內。
* 在不需要上牽繩的區域，禁止攜帶食物和玻璃。
* 狗狗在無人陪伴的情況下不得入內。
* 你所養的犬種業經許可，且經過預防接種。
* 禁止情緒不穩的狗狗入內。
* 小心監控尚未發情的公狗。
* 禁止 4 個月以下的幼犬入內。
* 飼主必須要阻止狗狗亂挖的行為，並將狗狗挖的洞復原。
* 飼主必須防止狗狗不當的行為，不得威嚇或攻擊其他狗狗，沒有任何例外！

9. 解決一般常見問題

導正狗狗喜歡跳到人們身上的行為

狗狗跳到人們身上的原因有很多，然而就算牠是出於善意，如果在都會街頭發生這種情況，極有可能造成一場大混亂，徹底摧毀你的社交生活！沒有人喜歡狗狗突然跳到自己身上，當他身上穿著自己最好的套裝，或者為了晚上的 party 精心打扮，絕對不想讓一隻狗狗毀了這一切！如果對象是小孩或老人家，狗狗忽然躍起的行為很可能會引發意外。

當你要處理這個問題時，務必要先理解狗狗躍起的行為，其實是想要跟你有更一步接觸，如果採用處罰的方式可能會收到反效果，不僅破壞你和牠之間的關係，也會影響牠對人類的看法。

坐著打招呼

如果你們家狗狗還是幼犬，事先做好預防措施是最重要的！訓練的訣竅只有一個，不管在什麼情況下，只要狗狗遇到陌生人，在對方拍牠頭之前，先要求牠坐下，就可以有效預防狗狗躍起的行為，因為狗狗絕不可能同時坐下又跳起來！此外，這樣還有個附加的好處，採用這種正面的方法，藉由口頭稱讚和零食獎勵作為回饋，就能避免一再責罵可能產生的後遺症。

訓練開始前，你要確認狗狗了解「坐下！」這個指令的含意（參閱76-77頁）。為了讓整個策略奏效，記得多準備些零食。並且試著拉攏家中成員和親友一起投入訓練，作為狗狗練習的對象。當狗狗有想要躍起的衝動時，先要求牠坐下，如果牠能乖乖坐好，務必要多多獎勵牠，同時也不要吝於讚賞，因為對狗狗來說，要抗拒往上跳的衝動，可是需要非常大的自制力！

如果情況許可的話，你也可以請訪客或街上的路人協助，一起訓練狗狗。為了達成目的，你需要運用一些人類心理學的理論。首先，你把玩具放在大門前面，像是中空的磨牙玩具就很適合，中間還可以塞些零食，當你知道即將有客人來訪時，就幫狗狗繫上牽繩，一旦對方到了，便詢問他是否願意協助訓練狗狗，接著再將玩具交給他，並先告知訪客，惟有狗狗乖乖坐下，才能得到玩具。然後神奇的事情發生了！就算是最常被狗狗騷擾的訪客，瞬間都變成了專業訓犬師，不過務必要請訪客配合，握緊手中玩具，只要狗狗表現良好，沒有亂跳到客人身上，就能得到玩具作為獎勵！

尋回

槍獵犬大多喜歡跟人玩，也喜歡跳到對方身上，這時候如果把玩具丟給牠，通常可以有效制止牠亂跳的行為，因為尋回遊戲太有魅力了！

矯正躍起的行為

如果家裡的狗狗喜歡亂跳到人們身上，要導正牠的壞習慣，你必須非常有毅力，堅持到底！狗狗會有這種行為，通常是因為牠想跟對方打招呼，試圖引起他的注意，要是對方落入牠的圈套，從此狗狗就戒不掉這個壞習慣。你可以試試看下面的方法，或許能成功把狗狗訓練成「零躍起」的乖寶寶，雖然不再跳到對方身上，狗狗還是可以用其他方式打招呼！

1 如果狗狗跳到你身上，你就轉身，雙手交疊，展現出奧斯卡最佳演員的演技，露出非常嫌惡的樣子。藉由這種強烈而清楚的肢體語言，狗狗馬上會知道躍起的動作並不會引起你的關注。

2 除非狗狗的四肢已經穩穩站在地上或乖乖坐下，否則絕對不能發出任何聲音或看著牠，務必要保持安靜，不能心軟，一定要堅持到底。

3 當狗狗四肢著地或坐下時，記得要稱讚牠、拍拍牠。一旦狗狗表現良好，就會得到美味的零食獎賞，你也會對牠投以許多關愛的眼神！

狗狗忽然跑開

所有狗狗都熱愛跑步，因為牠們喜歡跑步的感覺，或是想要逃離某些東西，也可能是因為其他誘惑太過強烈，相較於待在你身邊，牠寧願屈服於自己原始的慾望。然而，在都市環境當中，牠突然從你身邊跑開其實非常危險，狗狗走失絕對是每個飼主最大的夢魘。如果你的狗狗有漫遊的傾向，預防永遠重於治療！

忽然跑開

就像其他動物一樣，狗狗如果面對威脅，只會採取兩種方式因應，不是跑開躲起來，就是直接跟對方槓上，容易緊張或害怕的狗狗，這時候通常會選擇跑開。因此，忽然的一聲巨響或不熟悉的景象，極可能嚇跑這類型的狗狗。為了避免這種情況，當狗狗還小時，就要多接觸都會當中無法預料的各種意外場面。如果家中狗狗已經是成犬了，卻還是不習慣都市的各種聲音景象，常常有逃開的傾向，當你遛狗時，最好都要繫牽繩，而且要更常帶牠出門，每次時間不需要太久，務必要讓牠逐漸習慣各種場合。如果情況還是沒改善，或許可以尋求動物行為專家的幫助。

往前跑

當你和狗狗出門散步，狗狗卻跑走，其實是因為有其他東西更吸引牠，讓牠覺得更有趣、更值得去追尋，也就是說牠是「跑向」特定的目標或目的地。這對你個人絕對不是侮辱或你缺乏魅力，只是狗畢竟是狗，天性難違，有些事物對牠來說，就是具有無法抗拒的吸引力，一旦牠發現很有趣的追逐標的物，像是松鼠這種小型哺乳類，就會忍不住發足狂奔！然而如果你多花點時間訓練牠，最終還是值得的，只要聽到你的呼喚，狗狗終究會戰勝自己的衝動，乖乖回到你身邊。要是在狗狗公園裡，你們家狗狗卻發生暫時性耳聾的問題，假裝沒聽到你的指令，或是當你手中握著牽繩，牠卻把你當成隱形人，這時候也許可以試試看口哨召回訓練，看看是否能治療牠選擇性失聰或失明的症狀！

使用口哨的優點

單獨使用聲音的口頭指令有很多局限性，如果使用口哨作為輔助工具，可以大大提升訓練的成效，其主要的理由如下：

* 口哨聲的穿透性佳，特別是起風的情況下，口哨聲可以傳得比較遠。
* 口哨聲比較中性，不帶任何感情，不會傳達你的情緒，像是挫折感、憤怒或恐懼。
* 口哨聲具有一致性，儘管訓練的人有所不同，卻可以使用同樣的口哨，所以不論是誰去溜狗，狗狗一聽到哨聲，就會乖乖回到持哨者的身邊。

口哨召回

狗狗絕對不可能自發性地回應口哨聲（即使聲音比較沒那麼刺耳的），所以一定要讓牠制約，啟動牠對口哨的反應。在進行這個訓練之前，你必須先把狗狗的飼料放在碗裡面，幫狗狗繫上項圈；當然，你還要準備一副口哨！

1 先要求狗狗坐下，如果你把飼料碗放在牠的頭頂上，狗狗大多會自動坐下。接著你把一隻手指頭伸到項圈裡面，這樣可以稍微控制狗狗的動作。

2 然後再把飼料碗放在地板上，對狗狗下達「別碰！」的指令，讓牠等幾秒鐘。

3 現在拿出口哨，吹3聲，哨聲短而尖銳；接著放開項圈，讓狗狗可以享用自己豐盛的一餐。這個訓練至少要持續1星期，每次開飯前都要練習，讓狗狗可以把口哨聲和食物連結起來。

讓召回反應更純熟

接下來你可以進行室內口哨召回訓練；在狗狗的用餐時間，請家中成員把牠帶到其他房間，然後你再發出口哨指令，一聽到哨聲，你的助手就把狗狗放開，為了享用晚餐，牠勢必會第一時間衝過來。只要狗狗了解這個訓練的用意，當牠返回你身邊時，先要求牠坐下來，抓住牠的項圈，接著再給牠食物；這樣才能防止牠衝過來之後，抓起食物就跑走。差不多只要兩個星期左右的訓練，就可以轉移陣地，在狗狗公園或比較安全的都會公園等場地，進行室外口哨召回演練，這時候狗狗需要繫上比較長的牽繩，或是請其他人協助。

小偷是狗狗！

你們家的狗狗會咬著衛生紙躲到廚房的桌子底下嗎？家裡的東西會忽然消失，或是被搬到花園或後院裡嗎？在你出門工作前，狗狗會偷偷溜到廚房，把你裝好的午餐偷走嗎？如果發生這些情況，你千萬別懊惱，因為你不是唯一的受害者！

試著從狗狗的角度出發

狗狗在家裡偷東西主要的理由只有一個，就是好玩！如果你們家狗狗也有這種問題，或許你可以試著反向思考，從狗狗的角度出發，千萬不要先入為主，把自己的想法加諸於狗狗身上！

現在你可以看到自家的狗狗趴在地板上，嘴裡咬著玩具！就像表現良好的乖寶寶，然而接下來會發生什麼事？奇怪，什麼都沒發生！乖寶寶的行為根本沒得到什麼好處，你怎麼一點反應都沒有！狗狗開始覺得有點無聊，接著牠起身，四處閒晃，然後牠看到了電視遙控器，於是牠把遙控器咬住，這時候會發生什麼事？天啊！一瞬間牠忽然捲入了世界上最刺激的追逐戰！

這看起來再明顯也不過了！只要是聰明的狗狗，很快就會明白，當乖寶寶實在很無聊，但是如果偷東西的話，就好像中了狗狗樂透彩，不但好玩，而且可以引起很多注意。一旦經過幾次嘗試之後，牠就會逐漸累積一些心得，對人類越有價值的東西，玩起來會越過癮，電視遙控器、閱讀書報用眼鏡、錢包都會是牠的首選，不過這並不表示其他東西就能免疫，不會遭受狗狗染指。如果主人發現東西不見了，氣得暴跳如雷、大聲咆哮，這可能會讓情況更糟，不只是抹布、紙片，搞不好連花園的石頭都被被偷！藉由這種方式，幼犬能夠吸引主人的注意，所以牠會變本加厲，一再上演同樣的戲碼！

然而這對飼主來說一點都不好玩，只要發生過幾次，你絕對會有強烈的反應，不過如果以幼犬的角度來看，你會變得非常積極好動，一下子追著牠滿屋子跑，接著會用力地把被偷的東西從牠的嘴巴搶回去，然後對著牠大聲咆哮，讓牠覺得很不舒服。

不過，這下子牠學聰明了，偷了東西之後直接潛到餐桌下，讓你怎麼也抓不到！

避免狗狗偷東西的策略

總而言之，解決的方法還是一樣，當幼犬開始玩「偷竊遊戲」的初期，你就要完全忽視牠的行為，不能被吸引過去，一旦發現牠咬遙控器，也不需要大驚小怪。或許你也可以試試尋回訓練（參閱 132-133 頁），這也能有效緩衝你和狗狗之間的衝突。如果狗狗喜歡把東西咬回來交到你手上，換取一些獎賞和鼓勵，那你就不需要追著牠窮追猛打。此外，你也可以參考下面的方法，解決狗狗偷東西的問題。

* 把一些有價值的物品拿走，讓幼犬沒有機會染指。幼犬超愛襪子、筆、鞋子這類的東西。
* 如果幼犬咬了一些自己不該碰的東西，但是這些對你來說是沒那麼重要，那麼你就忍痛割愛吧！而且你要假裝沒看到，像是衛生紙、抹布、算命用占卜丈這些東西都是可以犧牲的。你可以起身走到其他的房間，讓狗狗知道你一點都不在乎。這樣一來絕對能有效阻止狗狗偷竊的行為，牠也不會將偷東西和玩遊戲聯想到一塊兒！

槍獵犬大多具備尋回的天性，一旦你回到家，牠很喜歡把東西咬來給你，所以你務必要準備多一點玩具，不然你最喜歡的一雙鞋很可能會因此而遭殃！

* 要是你沒辦法走開，也絕不能追著幼犬跑，試圖把東西搶回來，更不能對著牠咆哮。這時候你要心平氣和地叫牠回來，如果牠把東西歸還，記得要多多稱讚牠，給牠一點零食作為獎勵！
* 或許你可以利用狗狗的天性，藉由尋回訓練，讓狗狗把東西咬回來給你。

風水靠邊站

如果你住的地方非常乾淨，所有東西都擺得井然有序，一旦狗狗搬進來之後，你可能需要稍微調整一下生活習慣。咬東西是狗狗的天性，能夠讓牠放鬆，當你不在時，這也可以讓牠有點事作！所以你最好能幫狗狗多準備些磨牙玩具，雖然這樣一來，整個房子看起來會很像托兒所，不過這絕對是值得的，為了保持家中其他物品的完整性，就暫時先不要考慮風水的理論吧！

狗狗喜歡強拉牽繩拖著你跑

你們家的狗狗是否很喜歡用力拉牽繩，力道大到讓你有點擔心，牠會不會窒息？你是否不太情願帶狗狗出門散步？因為在擁擠的都會街頭，你必須使盡吃奶的力氣，才能控制牠不要亂衝？很多飼主都曾經有過相同的經驗，然而還是有很多方法，可以解決這個問題！

訓練狗狗！

發生這種情況最好的解決方案就是多花點時間訓練狗狗，如果回歸到狗狗的立場來看，牠會緊拉牽繩絕對是我們造成的，因為狗狗只要硬拖著我們，就可以按著自己的步調，去想去的地方，只要我們不要順從牠的心意，自然不會發生這些問題。

這個章節的練習可以從隨行訓練開始（參閱84-85頁）。然而因為狗狗強拉牽繩的行為，可以讓牠獲得許多回饋，也因此這種行為並不會隨著年齡而改變。事實上，狗狗很容易食髓知味，每多一天牠就有多一次的機會可以練習，所以最好能趁現在趕快處理，避免小問題以後變成大麻煩！

此外，你在選擇養什麼狗狗之前，可能要先知道，某些特定犬種很喜歡拖著人跑，像是斯塔福郡鬥牛梗、牛頭梗、拳師犬（Boxer）、西伯利亞哈士奇，牠們就跟「火車頭」一樣，拉著人跑就像吃飯一樣簡單，血液中遺傳基因的驅使，讓牠們天生就是拉車或拉雪橇的好手！

態度始終如一

你會讓自己的小孩在街頭遛狗嗎？你允許狗狗拉著你的小孩跑嗎？你先生比你還壯，所以他允許狗狗強拉牽繩嗎？「態度始終如一」是導正狗狗行為最重要的關鍵，只要所有人採用相同的策略，要讓狗狗乖乖就範其實並不難。如果能讓狗狗順從地跟著你，你們一起優閒地漫步都會街頭，相信你的養狗同好都會非常嫉妒！

快速矯正輔助工具

如果你們家狗狗非常頑強，不管怎麼樣都要拖著你走，或許你可以試試看套嘴鍊這類型的輔助工具，像是 Gentle Leader 開發的產品或是胸背帶都很有效，說不定能夠幫你的訓練課程開啟另一扇窗，特別是在都會環境當中，速成法非常重要，在短時間內導正狗狗的行為，讓牠順從地跟著主人走，才能避免意外發生。同樣地，始終如一還是最重要的關鍵，不管如何，狗狗絕對不能強拉著跟牠一起散步的同行者。然而套嘴鍊這些東西畢竟只是輔助工具，訓練課程還是不能間斷，雙管齊下才能達到最好的成效！

盡量避免使用 P 字鍊或環刺項圈這種懲罰性的工具，它不僅會對狗狗產生嚴重的傷害，你和狗狗的關係也很可能因此而變質。只要多花點時間，你和狗狗一起努力，採用比較溫和的訓練方式，你很快就會感覺到牠的改變！

變聰明

或許所有飼主都應該捫心自問，是否真心想帶狗狗在街頭散步？自己究竟花多少時間和精力訓練狗狗，讓牠不要拉著牽繩拖著你跑？這並不是要狗狗在熙熙攘攘的都市環境中，學習一個超複雜的新把戲；事實上，這個訓練在家裡就可以進行，先從比較安靜的環境開始，一旦狗狗上手之後，再轉移陣地，到干擾比較多的場所練習，整個過程就跟遛狗訓練相同。

* 從家裡或都市裡面比較安靜的角落開始，多花點時間練習，慢慢讓狗狗學習如何不要拉牽繩，順著你的方向跟著走。你千萬別抱著太大的期望，以為馬上就有成效；狗狗大多會覺得這樣很無趣，所以你要適時地給予誘因，如果牠乖乖地跟著走，沒有強拉著你，好吃的零食當然是少不了的！
* 使用節省精力的輔助工具，狗狗不但會比較輕鬆，也能讓你的手臂少受點罪！目前市面上的套嘴鍊和胸背帶的效果都不錯，尤其是大型犬、或是很壯、重心很低的狗狗，像巴吉度就很適合。
* 你也可以試著找一些專業的訓練課程，或許能夠協助你解決這個問題。然而在你報名參加之前，最好先確認一下課程的內容，以及訓練員所使用的方法，務必要採取溫和的手段，絕對不能有任何的懲罰行為；此外，你也要做好事前相關的準備工作。

當你牽著馬散步時，應該不需要使用項圈或牽繩吧！為什麼狗狗就不行呢？對狗狗來說，套嘴鍊就像動力方向盤一樣，也能讓你省下不少精力！

吠叫

狗狗吠叫的問題或許是都市人最大的抱怨，然而這對狗狗來說，卻是再自然不過的溝通方式，但是在大樓林立的都市環境中，一旦家中狗狗亂吠，很容易讓你被附近住戶列入不受歡迎的黑名單。為了保持良好的鄰里關係，當你有事外出期間，最好能確認一下狗狗是否乖乖待在家裡，沒有亂吠擾鄰。

找出原因

防治狗狗亂吠的問題其實難度很高，絕對不是大聲斥責、把狗狗抓來罵一罵就能解決，而且這種行為對狗狗來說，好像變相鼓勵牠吠叫一樣。在你嘗試解決這個問題之前，最好先做些功課，調查一下狗狗吠叫的音量、原因，以及發生的時間、地點，由於牽扯的因素太多，所有狀況不能一概而論。

挫折和無聊

症狀說明

這類型的吠叫非常典型，一旦狗狗被單獨關在花園或後院，被迫「自己跟自己玩」，幾乎只能藉由哀嚎表達自己的無奈。雖然這是最容易預防的狀況，不過從鄰居的觀點來看，卻是最讓人動怒的問題。狗狗如果單獨被留在室外，大多會藉由吠叫引起主人的注意，希望對方能回頭看看牠，或是讓同一區域的其他狗狗或人類因此而跟牠多一點接觸，不過牠也可能是因為太過無聊，只是想找點事來做。這種自我回饋的模式只會讓情況越來越糟，就像其他壞習慣一樣，很容易上癮，狗狗一旦發生這種狀況，馬上就會變成行為模式的一部分！

解決之道

你要讓家人多花點時間陪陪狗狗，不管是運動或腦力激盪都很重要（參閱 128-129 頁）！

領域行為

症狀說明

人類其實是非常矛盾的動物，在大多數的狀況下，我們根本無法忍受狗狗吠叫的聲音，特別當別人家的狗狗只要一吠，馬上會觸動你心底最敏感的一條神經！然而在某些特定的情況下，我們卻允許狗狗這種行為，當有來車停在門外，狗狗第一時間衝到門前大叫，飼主大多能接受這種尺度範圍內的吠叫行為。可是如果狗狗一直吠個不停，連訪客都已經進到屋子裡面，或是根本沒人在屋外，這時候你可能要介入處理，對狗狗重新再教育！

解決之道

千萬不能允許狗狗在門前吠叫的行為，最好利用零食獎勵，讓牠主動跑到其他房間保持安靜。

尋求注意力

症狀說明

很多狗狗吠叫主要是為了引起注意，這其實一點都不令人意外，因為狗狗很快就會發現，人類似乎很難漠視亂吠的聲音，特別當狗狗直接衝著對方叫時，一般人幾乎會有立即的反應，不管是看著牠、跟牠說話，或是拍拍牠，都會讓牠的詭計得逞！

解決之道

試著忽視狗狗的吠叫聲，走到其他房間，避免在不經意間和狗狗有互動。

恐懼

症狀說明

狗狗當然會藉由吠叫表達自己的感受，其中最明顯的情緒反應莫過於恐懼和攻擊行為；狂吠就像狗狗的第一道防禦，具有嚇阻或警告的意

不管興奮還是恐懼，狗狗都會狂吠，或許你可以藉由牠的肢體語言，了解狗狗真正的情緒反應。

味，讓對方不敢輕舉妄動，一旦口頭警告還是沒用，接下來牠可能採取更激烈的方式進行防禦。如果只是把吠叫當作單純的行為偏差處理，就好像看病開藥前不先問診，根本沒辦法根治！

解決之道

試著提升狗狗的自信心，只要牠表現勇敢，記得要給牠零食作為獎勵；然而如果狗狗過度神經質，可能就要尋求專家的協助。

找樂子

症狀說明

狗狗其實和小孩子很像，沒辦法一直保持安靜。有時候狗狗吠叫的原因其實很單純，純粹只是因為情緒高昂、太過興奮。某些特定的犬種比較有這種傾向，像是警報犬、獵物搜尋犬、牧牛犬等，牠們很享受自己的聲音，對於吠叫的行為樂在其中。如果你養了一隻薩摩耶犬（Samoyed），那可能需要有點心裡準備，因為牠主要的溝通方式就是持續不斷的大聲狂吠！

解決之道

選擇一些適當的地點，如果有必要的話，最好離都市遠一點；此外，你的時間也要夠充裕，足以讓狗狗大聲狂吠、盡情發洩。平常其他時候，你可以試試看用一些東西讓牠分心，教狗狗安靜地乖乖待著。

人類恐懼症

一旦陌生人接近，你們家幼犬會後退，眼睛瞪著對方、大聲咆哮，試圖嚇跑對方嗎？當你們在街頭散步，牠會躲到你身後，離路人遠遠的，避免人家摸他嗎？恐懼是所有物種的天性，這也是社會化不完全最典型的症狀，如果都會狗狗有這種問題，那牠接下來的日子勢必會很難過！

防禦策略

如果狗狗覺得受到威脅，不希望其他人或狗狗接近，這時候牠會選擇躲起來、跑開、狂吠，讓對方知難而退；這當然是極為成功的策略，只要對方一撤退、威脅就解除了，狗狗馬上會覺得好過多了！事實上，這種情緒上的舒緩作用就是最好的回饋，有效地強化這種舉動。也就是說未來一旦遭遇某些狀況，狗狗只要稍微有點擔心，就會不斷上演同樣的戲碼。

然而某些案例實在令人覺得難過，儘管是12週大的幼犬，當牠為了自我防禦而狂吠，看起來卻是那麼驚恐、六神無主；這時候要求飼主視若無睹真的是非常殘忍的一件事。不過只要多一點經驗和練習，為了狗狗的未來，還是要狠下心來，假裝沒看到。當幼犬一吠，人類就會忍不住投以關懷的眼神，就算是下意識的、非常細微的動作，狗狗也能察覺；有時候甚至更糟，飼主直接走向狗狗，但是這反而讓情況一發不可收拾，從此噪音不絕於耳！只要可憐的飼主一看到可愛的小親親哀嚎，就會迫不及待地想要安撫牠的情緒，不過這時候小親親馬上就會轉變成小惡魔，食髓知味的牠，以後就會把哀嚎當作呼叫飼主最有力的武器！

治療狗狗恐慌症是非常複雜的領域，可能需要專業人員的協助和指導，但是只要狗狗年紀還小，還是有很大的改善空間！

感到恐懼

如果家中幼犬有過於恐懼的現象，雖然症狀很清楚，不過處理起來卻很麻煩。你最好盡可能多帶牠出門，慢慢習慣都會環境，狗狗所需要的，是多接觸寬廣的外在世界，你絕對不能心軟，減少出門的機會，這只會讓牠更自閉。

你必須常常帶幼犬出門，讓牠熟悉都會環境，才能克服或避免過於恐懼的問題！

你可以試著安排一些活動，在不同地方舉行親友的聚會，可能只是大家一起午餐，不管在自己或對方家裡都可以。在整個過程中，你們都要完全忽略狗狗恐懼的行為，你甚至可以把牽繩交給對方，不需要自己緊緊抓著。過於恐懼的狗狗通常會希望從主人那邊獲得一些撫慰和安全感，所以你千萬不能被牠所操弄，一定要對牠的吠叫視而不見。如果狗狗表現非常勇敢，也要適時給予獎勵，或許你可以藉由「勇敢一點！」這類型的口頭指令，讓狗狗逐漸建立自信心。此外，友人的協助也很重要，你可以請對方在剛開始時假裝沒看到狗狗，一旦狗狗不再害怕，做出勇敢的反應，再請他用零食餵狗狗，作為獎賞！

如果親朋好友的情況允許的話，或許可以請他們在自己家裡照顧你的狗狗，這樣不但可以強化狗狗的自信，也可以讓牠把忠誠擴及到友人身上。採用這種方式，搞不好會產生意想不到的效果，因為你不在場，所以狗狗無法感受到你在不經意間流露出的關懷。幼犬大多都很聰明，牠們很快就體認到一個事實，除了主人之外，也可以從其他人那邊得到不少好處！

漠視狗狗恐懼的行為

在多數的情況下，幼犬對陌生人或其他狗狗吠叫，主要是因為害怕，所以務必要讓牠的這種策略完全失效，才可能改善這個問題；也就是說對方或其他狗狗都要保持不動，主人也要假裝沒看到，不管是哪一方都要配合演戲，完全忽視狗狗吠叫的行為。然而如果在都會環境中，卻很難達到這樣的效果，陌生的路人通常來去匆匆，沒辦法完全配合你的要求。因此，你需要多花點時間安排，讓協助者徹底明白你的需求，他要如何做出正確的反應才能真正幫到狗狗。或許你和狗狗可以參加一些聲譽良好的狗狗訓練課程，也可以諮詢動物行為專家的意見；然而，你也可以直接請求其他飼主的協助，因為彼此的經驗相同，對方比較容易進入狀況！

不管如何，如果只是呆坐家中，對於幼犬過於恐懼的症狀，絲毫不予以理會，這樣問題也不會憑空消失，必須要盡快處理，情況才不至於更加惡化，否則狗狗只會更害怕出門、更不喜歡跟人接觸！

噪音恐懼症

整個都會環境充滿了喇叭聲、音響聲、警笛聲、人們交談的聲音、咆哮的聲音、衝撞的聲音，偶爾還會有可怕的鞭炮聲、引擎熄火的聲音或是雷聲。對我們的狗狗而言，這些噪音排山倒海、幾乎讓牠喘不過氣來，狗狗剛開始遭遇這些狀況都會嚇一跳，龐大的壓力讓牠們很緊張，所以接下來牠們會回頭看著主人，除了緩和自己的不安，同時也希望你能告訴牠，自己應該要怎麼回應！

習慣都市的各種聲音

野生的狗狗害怕轟然巨響，這是再自然不過的反應，一旦遭受威脅，牠可以預作準備，避免危險！然而，如果場景轉換到都市，狗狗就必須忽視都會環境中各種光怪陸離的聲音，抗拒與生俱來的自保反應。在狗狗 12 週以前，就要讓牠逐漸習慣，要是錯過這個關鍵期，可能終生都會被這個問題所困擾！

首先要讓幼犬認識自己所居住的都市，所以務必要常常帶牠出門，一再暴露在吵雜的環境中；然而在你們一起探索的過程中，還是要小心觀察狗狗的肢體語言，牠看起來應該非常放鬆，渾身充滿自信。不過如果牠因為噪音而瑟縮、發抖、吠叫、亂跳、哀嚎，你也要假裝沒看到。這聽起來簡單，做起來卻很困難，基於保護弱小的愛心，我們會不自覺地想要抱著幼犬，跟牠說話，安撫牠的情緒。就算我們心裡明白，絕對要狠下心來，忽視狗狗害怕的舉動，但是其他人可能不知道你的用心良苦，突然闖入的陌生人，誤以為你只是個狠心的飼主，對於可憐的狗狗寄予無限同情，不過他看似充滿愛心的行為，卻馬上將你的心血毀於一旦！

幼犬會被突如其來的聲音嚇到，是非常自然的反應。決定牠未來是否會再被同樣的聲音所驚擾，這時候你的態度才是關鍵！

緊張的策略

經過一段時間之後，幼犬應該會漸漸習慣，對都市裡面各種聲音的反應也會越來越輕微，只要不斷地暴露在這種環境下，狗狗就會比較鎮定、自信，就算一陣突如其來的噪音，可能剛開始牠還是會嚇到，但是如果接下來什麼事都沒發生，狗狗也可以很快回歸常態。在訓練初期你可試試下面的方法，或許狗狗就不會再懼怕噪音。

* 當你帶幼犬出門，準備讓牠習慣都市的各種聲音時，務必要小心觀察牠的反應。一旦你察覺狗狗有任何緊張的徵兆，像是耳朵往後、尾巴下垂等，就要保持鎮定、靜止不動。
* 如果狗狗很緊張，你也要完全忽視牠的反應，手臂交疊，眼睛絕對不能看牠。
* 只要幼犬恢復正常，再度找回自信，便可以繼續前進。你千萬不能大驚小怪，要讓牠知道，這只是稀鬆平常的事件。務必要牢記這個原則：忽視狗狗懼怕的反應，當牠表現得很勇敢時，就要適時鼓勵牠！這整個過程對人類是很大的試煉，我們要展現比狗狗更大的自制力，但是這卻是狗狗的都會生活極為重要的訓練！

害怕聲音

如果狗狗因為都市的噪音轟炸所苦，或許你可以藉由「降低敏感度」這種方法，逐漸增強他的自信。市面上現在有些CD或DVD，裡面包含狗狗日常生活需要適應的各種聲音，你可以把這些當成居家生活的背景音樂。剛開始可以把音量調小，讓狗狗完全沒有反應，只要牠習慣之後，再逐漸調升音量，久而久之，狗狗就會把這些聲音當作生活的一部分。經過幾天或幾個禮拜之後，牠會漸漸習慣，一旦出門散步，對於噪音也不會再起任何反應！

儘管這種方法非常有效，不過還是要注意，「現實生活」中一些具威脅性的噪音通常會伴隨其他狀況一起發生，像是打雷和閃電幾乎同時發生，天氣一變，溫度、溼度也會跟著改變！

騎到其他狗狗身上

這是所有飼主最感難為情的一種狀況，要是旁邊還有一群人圍觀，那真是糗到最高點！狗狗不只會騎到其他狗狗身上，甚至連坐墊、人的腿或手也會跟著遭殃；事實上，這種行為不單單只是性荷爾蒙的驅使，有時還代表其他含意。雖然公狗比較可能騎到其他狗狗身上，不過偶爾母狗也會有這種舉動，強烈表達牠想和對方交際的訊息！

試驗性騎騎看！

不管是哪種性別，幼犬都很喜歡「騎」的動作，對象可能是有生命的、也可能只是特定的物品。很多飼主都曾經反應，自家幼犬喜歡騎坐墊、牠最喜歡的軟性玩具或其他物品，雖然公的幼犬比較容易做出這些舉動，所以感覺上應該是受到男性賀爾蒙的影響，然而這絕對不是唯一的原因。

當一群幼犬一起玩，彼此也會試驗性地騎到對方身上，不管頭部或屁股都會試試看，看起來好像亂無章法，大家都不知道該怎麼做，也不知道誰才算受害者。總而言之，幼犬的這種行為只是嘗試罷了，隨著年齡增長，自然而然會消失。但是如果旁觀者發出笑聲或投予關注的眼神，可能會讓牠產生誤解，所以最好能視而不見或是乾脆把「牠的對象」移開。

騎到對方身上，也是一種溝通！

成犬偶爾會騎到其他狗狗身上，不過這時候可能沒有隱含任何牠想要交配的意思，純粹只是牠想要和對方互動，展示自己的主控權，但是也可能是因為太過興奮才這麼做。然而狗狗大多都不喜歡被騎，所以會用吠叫或威嚇的方式警告對方。如果狗狗有這種傾向，或許可以幫牠結紮，不過在手術之前最好還是先諮詢獸醫師的意見。一旦狗狗已經結紮了，卻仍然發生這種狀況，這時候你最好更深入研究牠的品種特性，牠可能比較霸道、喜歡控制其他狗狗，同時也要尋求動物行為專家的協助。

如果你們家狗狗騎到其他狗狗身上，情況會很尷尬，然而這種舉動卻是牠的天性，不但是繁衍後代非常自然的行為，也是狗狗彼此的溝通模式。

10. 獨自在家的愛犬

讓狗狗學會獨處

狗狗是社會性動物，在野外通常成群結隊，很少落單，換句話說，當我們有事外出時，狗狗必須要學習如何獨處。而幼犬期是學習能力最強的階段，所以相關當然訓練越早越好。雖然如此，對於年紀比較大或收容所的狗狗來說，只要建立固定的模式，牠們也能適應良好！

預防重於治療

當你把狗狗獨自留在家中，看著自己心愛的小親親那麼地絕望，整顆心應該也會糾結在一塊吧！這時候牠可能會吠叫、哀嚎、隨地大小便，藉由這些方式舒緩自己的情緒，也表達對你的抗議。所以你一旦外出，牠可能會把整座房子翻過來，又咬又抓，企圖逃脫或找東西發洩。有些不幸案例就是發生在狗狗獨處的時候，想回到飼主身邊的慾望太過強烈，狗狗因此而破壞牢籠或跳出玻璃窗，最終導致無法挽回的憾事！這種分離之苦，對狗狗和你都是很大的問題，而且在都市裡面，如果狗狗跑出去大鬧一場，鄰居也會變成間接的受害者，情況嚴重的話，甚至會讓你和房東的關係緊張，連有關當局都會特別關切！

訓練狗狗在家獨處時，需要把一些因素考慮在內，牠的身心狀態，都要維持在最佳狀態。狗狗要能理解，你出門之後會再回來，這種固定的模式就是牠日常生活的一部分，所以當牠剛開始來到這個新家時，第 1 週就可以先試試看，讓牠短暫地獨處一陣子。很多飼主都會犯這種錯誤，請假兩個星期照顧家中的新成員，在這期間每天只要一醒來就跟狗狗膩在一起；然而一旦等他回到工作崗位或學校，狗狗一下子就掉進痛苦的深淵！

試著讓幼犬獨處

剛開始進行訓練時，藉由一些運動或遊戲，先讓幼犬身心鬆懈下來，接著稍微等一下，直到牠露出想睡的樣子，再把牠放到獨處時可以睡覺的地方，這可能是牠的小狗窩，或是室內狗籠（參閱 42-43 頁），如果你沒有這些設施，或許可以藉由嬰兒護欄，讓幼犬可以待在固定的房間裡，這時候要保持安靜，絕對不可以打擾牠。一旦完成準備工作，接下來你就可以在家裡其他地方處理家務，或是出門蹓達幾分鐘，要是牠哀嚎或哭泣，千萬不能馬上衝回牠身邊，你要先等一下，直到牠停下來或趴下休息為止，這可能差不多要 10 到 15 分鐘左右。如果幼犬靜下來了，讓牠獨處 1 小時之後，接著再去看牠；當你出現在牠面前時，務必要保持安靜，然後平靜地把牠放出來，緊接著馬上帶牠出門上廁所！

這個訓練主要的關鍵如下：

* 你要確定狗狗已經玩得很累了，而且也上過廁所。如果牠覺得舒服的話，就會趴下休息，所以最好能提供牠溫暖的小狗窩或室內狗籠。就算不是訓練期間，只要是家中比較安靜的時段，儘管你在家，還是可以鼓勵牠進到裡面。
* 給狗狗多一點有趣的互動式玩具，像是 Kong、Buster™ 這些公司開發的玩具都不錯，活力球也很適合，試著教牠怎樣自己玩這些玩具（參閱 128-129 頁）。這些玩具對狗狗來說非常重要，因為就算再乖的狗狗也會覺得無聊，需要咬東西打發時間。
* 盡量保持安靜，不要打擾狗狗，當你回到牠身邊時，也要裝作若無其事的樣子；這樣一來，牠就會把你出門這件事當作固定的生活模式。在剛開始的幾週，你可以讓牠獨處一小段時間，儘管時間很短，不過頻率可以高一點，這有助於幫狗狗建立自信，讓牠知道你最後還是會回到牠身邊。
* 當你回來時，千萬不能處罰牠或罵牠。就算牠做錯事，把家裡搞得一團亂、亂咬不該咬的東西，你也要忍住衝動。不然下一次你離開時，牠只會更加焦慮！

咬東西是狗狗非常自然的行為，但是牠要咬什麼東西的決定權卻在你身上！

讓狗狗在家裡獨處成為習慣

只要狗狗能理解飼主的生活作息，知道主人雖然出門了，最終還是會返回，這樣牠們就能接受獨自被留在家裡的事實。你可以幫助牠理解這個概念，藉由一些方法讓牠預知會發生什麼事，使牠有安全感。

視覺信號

包含人類在內的所有動物都會使用信號溝通，這讓我們預知即將會發生的事情，後續該如何因應，減少可能的挫敗和壓力。交通號誌就是其中一例，當看到綠燈，就知道我們可以安全通過，看到紅燈時會稍感挫折，就算時間很趕，也會停下來。

狗狗可以察覺到環境中特殊變異所隱藏的危機、食物或與其他狗互動的機會，對視覺信號自然也有所反應，這是牠的天性。你將會發現狗狗能夠注意到發生在主人身上或行為上細微的變化，例如主人穿哪雙鞋、是否將到廚房煮咖啡、是否會給牠餅乾。

視覺輔助系統

利用視覺輔助信號讓狗狗知道你將要出門，這也表示牠將獨處一陣子，不需要感到挫折。一旦牠習慣信號之後，儘管你在家，也可以用這個信號讓牠知道你現在沒空，稍後才有時間陪牠。

什麼行為讓狗狗獲得回饋，接下來牠就會乖乖照做！一旦狗狗接受獨處是日常生活的一部分，不要吝於讚賞牠，也別忘了給牠一些實質的獎勵，這是訓練過程非常重要的一環！

你所設定的信號要非常清楚，便於移動，因為當你預備要出門辦事時，每次都要把信號設定好，一旦你回家之後，又要把信號取消。這種裝置可以是掛在室內門把上的一條毛巾、貼在冰箱上的便利貼，或是吊在玄關的風鈴。

如何讓狗狗學會看信號

幫狗狗建立一個清楚的信號，當你不在身邊時，有助於減緩牠的受挫感和潛在焦慮。而且家中所有人都要一起動員，大家都要使用這個信號，所以最好能把這個裝置放在明顯的地方，像是前門或鑰匙旁，一旦出門時就可以看得到，提醒自己把信號設定好。如果有比較清楚的信號，狗狗不但學得比較快，也會比較鎮定；要是四周的訊息混亂，狗狗可能根本搞不清楚，也沒辦法很快就安靜下來。不只是獨處訓練，這個定律也適用於所有的訓練過程！

每次你要離開幼犬前，都要在牠面前把信號設定好，務必要讓牠看到你的舉動，然而整個過程不需要大張旗鼓，只要若無其事地做，然後就把狗狗帶到休息區，並且給牠塞滿零食的 Kong 玩具或是狗骨頭，只要牠的注意力轉移到玩具，緊接著你就可以安靜地離開。一旦你回家之後，馬上取消信號，放到狗狗看不到或聽不到的安全地點。

仔細觀察狗狗一段時間，這可能持續幾天或幾週之久，當牠瞭解信號所代表的含意之後，只要看到信號，就會自發性地預作準備，像是回到小狗窩、趴下休息，或是直接拿起磨牙玩具自己安靜地玩。然而，在進行這個訓練時千萬要注意，狗狗是非常聰明的動物，一旦牠瞭解信號等同於獨處，為了避免被單獨留下，牠極有可能會把設定好的信號移開，所以你最好慎選信號的位置，不要讓狗狗有機可趁！

尋求協助

當你出門時，不管狗狗做出什麼壞事，絕對不能懲罰牠，這只會讓牠更緊張，在未來會引發很多問題。如果你發現什麼徵兆的話，最好早一點尋求協助；此外，你也要定期和鄰居溝通，狗狗在你出門時，是否有任何擾鄰的行為。

腦力激盪：動動腦遊戲

當你出門辦事，如何讓獨處的狗狗自得其樂？這個問題似乎很難解決，特別在狗狗已經很喜歡亂咬踢腳板或地毯時，更加提升問題的棘手程度！如果只靠一個吱吱響的玩具，要牠在 4 小時期間安安份份待著，實在是強「犬」所難，這絕對無法滿足狗狗的需求。為了解決這種情況，或許你可以試著引進一些腦力激盪的遊戲或益智玩具，只要狗狗學會怎麼玩，當你離開時，牠就不會閒著沒事做了！

問題解決

野生的狗狗必須要自食其力，不管是追捕獵物、搜尋漿果或飲水，牠都需要動動腦！這樣一來，除了睡覺之外，整天的時間都被佔滿了！然而，生活在人類世界的狗狗，茶來伸手、飯來張口，甚至連散步的時間地點也是由主人決定。很明顯地，養尊處優的都會生活，剝奪了狗狗解決問題的天性；換句話說，如果我們想讓狗狗的腦袋發揮作用，就必須提供一些腦力激盪的機會，這時候益智玩具或遊戲可能是不錯的選擇！

教導狗狗如何解決難題，需要花一點時間和耐心，當牠開始動動腦時，你最好能在場，一旦牠上手了，欲罷不能，這時候你就可以離開！

很多狗狗都喜歡益智遊戲的挑戰，這就像狗狗的數獨一樣！

這個遊戲的準備工作非常簡單，你只要抓起一把乾糧，丟到各個不同的地方，接著就輪到狗狗上場，把每一粒食物找出來。

要是你使用的是狗罐頭這類的溼糧，可能沒辦法像乾糧這麼方便，不過還是有其他變通方法，你可以用湯匙把食物塞到磨牙玩具裡面，像是 Kong 出品的玩具就很適合，這樣狗狗就可以動動腦，想辦法把食物弄出來！

藏在杯子底下

要求狗狗先坐下，然後你把一塊乾糧放在反轉的杯子裡面，告訴牠把零食找出來，接著就讓牠試試看，想辦法自己拿到食物。

為了解決這個問題，狗狗可能會想出不同的方法，有些會用腳爪把杯子推倒，有些會用鼻子或牙齒移動杯子，甚至有非常聰明的狗狗，居然知道提起杯子的手把，取得牠最愛的零食！如何讓狗狗持續動動腦，是整個訓練的關鍵，一旦牠放棄了，你可以稍微幫幫牠，把杯子抬高一點，讓牠可以再次看到好吃的零食，重新激發牠的動力！

只要狗狗抓到解決問題的訣竅，接下來就可以提升難度，你可以試著把杯子放在不同材質的表面，或是使用比較難移動的物品蓋住食物，像是硬紙箱或是很重的舊碗盤。上述物品是比較理想的選擇，因為狗狗在動動腦解決問題的期間，你可能都不在場，所以安全是最優先的考量！

讓狗狗想破腦袋

這個益智遊戲主要是依據狗狗尋找食物的能力所設計，預先把食物散落在一大片區域，讓狗狗自己去找出來；如果你使用乾糧的話，甚至可以室內外都放一點，提升狗狗尋找食物的難度。

把乾糧灑落一地，讓狗狗自己去找出來，這也可以發揮狗狗搜尋的天性！

腦力激盪：磨牙玩具

現在狗狗已經學會如何動動腦了，接下來就要開始進階訓練，這樣當你出門時，牠也會非常忙碌，沒空做壞事！狗狗只要專注在某件事情上，通常比較容易累，很快就會睡著，當然這時候你的鄰居也會很開心！磨牙玩具是非常實用的輔具工具，不但能滿足狗狗與生俱來的需求，也可以讓牠無暇分心，忘了你不在身邊這件事！

磨牙玩具

咬東西是狗狗釋放壓力的自然反應，半成犬尤其需要藉由這種方式紓緩自己情緒，減輕長牙齒的不適，讓自己保持平靜。如果沒有供應足夠有吸引力的磨牙玩具，可能會造成非常嚴重的後果，狗狗會把目標轉移到家具、地毯，甚至牆壁，尤其是滑板，在狗狗看來就像是大型的磨牙玩具，也因為代價如此慘重，接下來你和牠的關係也可能會因此而疏離！

現在市面上有很多磨牙玩具，不管是種類、價格、實用性都有很大差異，雖然狗狗都有各自的喜好，然而某些特定玩具就是比較能吸引狗狗，你可能需要從中挑選幾種，發掘出狗狗的最愛！

Kong 出品的磨牙玩具

Kong 玩具就像都會狗狗的任天堂，中空的塑膠錐體，不規則的外型會四處彈跳，所以狗狗不但可以咬，還可以騎、追著跑；也因為中空的造型，你可以塞一些美味零食在裡面，只要狗狗一咬，一小塊食物就會掉出來，這也是牠最好的禮物！因為這種玩具的材質是天然橡膠，就算狗狗不小心咬掉幾片，也不會割傷嘴巴，但是還是要注意，不要讓狗狗把掉下來的碎片吞下去。當你剛開始把玩具拿給幼犬時，務必要仔細監控牠的反應，確認一下玩具的大小適不適合狗狗的上下顎。Kong 也有專門針對幼犬需求所設計的軟性玩具。

讓狗狗學會玩 Kong 出品的玩具

當狗狗咬 Kong 玩具時，根本無暇去做壞事——隨便列舉至少都有 101 種以上，挖地板、對鄰居的貓亂吠、咬你新買的家具。這種玩具對無聊或心情低落的狗狗來說具有神奇的療效，就算你在家，只要丟給狗狗一個 Kong，牠馬上精神百倍，不會再騷擾你！

不管是多大的狗狗，咬東西都是非常自然的反應，所以最好能提供多一點的磨牙玩具，讓狗狗沒空做壞事！

首先，你可以把狗狗喜歡的美味零食塞到Kong 玩具的最底層，直接從洞推進去，起司片（特別是單片包裝的那種）就是其中的首選，也也可以把中空的部位完全填滿，另外花生醬或果醬也很適合。

接下來塞進去的是狗狗必須要稍微花點腦力才能弄出來的食物，原味狗狗餅乾就很適合，因為一壓餅乾就會發出嘎吱的聲音，然後就從洞裡掉出來，直接進到狗狗嘴巴，而且餅乾碎塊的形狀不一，就好像狗狗在跟 Kong 玩。一旦狗狗學會讓 Kong 在地上多彈幾次，搞不好就會有一整塊餅乾掉出來，就像中大獎一樣！

最後再塞一些比較容易撿的食物，當狗狗用鼻子碰玩具時，就會掉出一些美味的零食，這樣牠就會知道有好東西藏在裡面！

用瓶子當替代品

如果你覺得 Kong 玩具太貴，或許可以用空的塑膠水瓶取代（不需要蓋子），材質要比較軟的那種，只要輕輕一壓就會變型，但不可以整個解體或碎開，才不會傷到狗狗的牙齦。然後再抓一把狗狗的乾糧或零食塞到瓶子裡，接著讓狗狗搖一搖、滾一滾、丟一丟，讓狗狗自己動動手讓食物掉出來！

很多狗狗會發明一些異常精巧的手段解決這個難題，其中最具想像力的，莫過於直接把瓶子往樓梯丟，不費吹灰之力，就能輕鬆得到一堆美味獎賞！

犬隻訓練課表

狗狗因為分離造成心情低落行為偏差的問題，其中最有效的防治法莫過於運動，在你離開之前，只要讓牠有足夠的運動，接下來牠就會因為太累，無暇注意你是否在身邊。然而已經淪為都市白斬雞的我們，在展開一天工作之前，先行在住家附近簡短逛一圈，這樣就很足夠了！不過這點運動量對狗狗來說，充其量只是熱身罷了！牠需要多一點自由奔馳的機會，藉由嗅聞、搜尋的過程刺激腦部活動；當然，牠也需要正常的社交活動，這樣狗狗才能真正獲得身心靈全面的滿足！

尋回訓練

想要為狗狗提供足夠的運動量，似乎需要投入大量的時間和精力，但這並不表示飼主就必須犧牲自己本身的利益。事實上，運動紓壓對狗狗的重要性不亞於人類，然而如果回歸到現實層面，狗狗能自由奔馳的機會十分有限，不但飼主的體能狀況，連居住環境等條件都要完全配合。為了彌補這些缺憾，或許你可以考慮讓狗狗接受尋回訓練，既簡單又實際，只要教牠學會追球或玩具，然後再把東西咬回來給你，整個過程非常有趣，狗狗也能消耗大量精力，最重要的是，訓練場地幾乎完全沒有限制！

追逐的興奮感

你千萬不要陷入迷思，誤以為只有尋回犬才是玩這種遊戲的箇中好手；事實上，不管什麼狗狗，只要經過訓練，都可以做得很好！但是，不可否認地，某些特定的品種確實比較熱衷尋回遊戲，像是傑克羅素梗、可卡犬，牠們非常喜歡速度和追逐所帶來的興奮感。在充滿限制的都會環境中，尋回遊戲可以讓狗狗有更多運動的機會！

尋回訓練

尋回對特定犬種來說就像鴨子划水般簡單，然而其他狗狗可能都不是天生的尋回好手，所以你需要多花點時間和耐心，教牠如何享受遊戲的過程，並且從中獲得獎賞。但是你也不能把東西強塞到狗狗嘴巴，直接叫牠咬著；尋回訓練應該是非常有趣的遊戲，千萬不能強「犬」所難，否則牠會做得心不甘情不願，或根本就不甩你！

1 動動腦筋想想看，狗狗喜歡咬什麼東西，把這個東西拿到狗狗面前搖一搖，引起牠的注意，接著藏起來又拿出來，就像是獵物一樣。只要狗狗咬住這個東西，就稱讚牠「好！」，然後鼓勵牠把東西咬回來給你，最後再奉上好吃的點心作為獎賞！

2 提供零食才能讓狗狗吐出嘴裡的玩具，不然牠根本沒辦法享用美食。這時候千萬不能把玩具拿走，要等狗狗把食物吃完，然後再重新開始，這樣狗狗才願意再把玩具咬回來。

3 一再重複這個過程，直到狗狗已經很熟練，知道要把玩具咬回來給你，贏得自己的獎賞。這時候你才可以把玩具丟遠一點，接著牠也會衝出去，把東西咬回來，因為這樣才能吃到美味的零食！

讓尋回反應更熟練

為了提升尋回訓練的成效，或許你可以試試看同時用兩個一模一樣的玩具跟狗狗玩。一旦狗狗抓到這個訓練的訣竅，就把其中一個丟出去，距離不要太遠，等牠衝出去撿回來之後，緊接著再把另一個往外丟。這個訓練對精於尋回遊戲的狗狗來說非常有幫助，儘管牠可能不願意把玩具交給你，利用這種方式，他不得不先把口中的玩具放下來，接著才能去撿另一個。你所選擇的尋回標的一定要是狗狗喜歡咬的，不過也要你能夠抓得住，繩球就是非常理想的玩具，Kong 也研發出一種綁著繩子的玩具，甚至還可以浮在水面上。尋回遊戲的目標一定要是中空的，最好要夠大，如果東西太小而且是實心的，狗狗很可能會把東西吞下去，一不小心就會窒息。

都會遊戲

雖然都市環境似乎不太友善，狗狗能運動、玩遊戲的機會有限，不過只要動動腦，還是可以突破困境，讓狗狗的都會生活充滿樂趣！就像人類一樣，儘管生活在水泥叢林，還是有很多都會運動和活動，可以讓我們樂在其中。為了滿足狗狗的需求，我們需要多點想像力，發明一些遊戲讓牠發洩旺盛的精力。一旦我們外出工作，要把狗狗單獨留在家中時，這些遊戲也可以讓牠消磨一些時間！

就算是高樓林立的都會區，還是有地方可以玩尋回遊戲，甚至可以藉由控制標靶的速度和距離，讓遊戲更加刺激！目前市面上有很多精巧的輔助工具就是為了尋回遊戲所設計，有種塑膠投擲手臂就可以把球丟得很高很遠，甚至還有專用的彈弓可以把球射得很遠！

玩飛盤

如果你們家狗狗很喜歡玩尋回遊戲，或許你可以藉由飛盤讓牠的技巧更精進。現在很多國家都有舉辦這類大型比賽，其中接飛盤就是很普遍的項目，它通常是以精確度、距離、花式表演的難度作為評分標準。如果你想要跟狗狗一起玩接飛盤遊戲，你要選擇周圍材質柔軟的標靶，避免狗狗嘴巴受傷，接著再慢慢磨練牠接飛盤的技巧。

小心！

選擇和狗狗一起玩遊戲的場所要特別小心，最好避免小朋友的遊樂場或都市裡狗狗禁止進入的區域；同時也要注意周遭活動的人群。

儘管某些特定品種堪稱是尋回遊戲的超級運動員，可以跳得很高、接住花式技巧丟出的飛盤，不過還是需要花時間練習才能達到這個境界。

都會敏捷犬訓練

雖然這聽起來有點不可思議，不過我們居住的環境的確可以作為狗狗的遊樂場。也許都市景觀就像一座水泥叢林，然而只要發揮一點想像力，或許我們可以讓狗狗用一個全然不同的觀點看待周遭環境。你想不想接受挑戰，幫家裡的居家都會獵犬安排一套敏捷犬訓練課程？

＊ 擺杆

對人類來說，一排欄杆或交通錐就是很明白的阻礙標誌，不過如果換個角度想，也可以把這些設施當作訓練狗狗迂迴前進的輔助工具，就像都會當中專門用來訓練敏捷犬的擺杆一樣。

＊ 坡道

在都市裡面到處都可以看到坡道，可能是殘障坡道或車用坡道，所以當你要使用這些區域時，最好要注意四周的來車狀況。如果你確定某個坡道很安全，就可以利用這個設施訓練狗狗的隨行反應，幫狗狗繫上牽繩，讓牠跟著你上下移動。雖然這個練習的難度很高，不過對於習慣拉牽繩的狗狗來說，卻很有用，能夠有效導正這種偏差行為。

＊ 旋轉門

這是隨行訓練最理想的場所。首先，你要幫狗狗繫上牽繩，接著你們一起進門，跟著門轉，然後出來。因為環形的空間限制，狗狗只能緊跟著你的腳步，所以也沒辦法強拉著你到處走。

＊ 狹窄的通道

都市裡有很多狹窄的通道，各種舖面的間隙或羊腸小徑，都非常適合這個訓練。你可以試著教狗狗走在路緣石上，腳不能踩到旁邊的路面。藉由這個訓練，不但遛狗時會比較安全，也可以提升狗狗的平衡感和敏捷度。

＊ 矮牆

這些設施非常適合狗狗行走，經過訓練之後，甚至連大型犬也能夠像走平衡桿一樣，前腳跟著後腳，順利地前進，一隻腳都不會掉下來。雖然這是敏捷犬訓練絕佳的練習機會；不過為了要激發狗狗的學習動力，務必要給牠多一點鼓勵和獎賞！

＊ 公園長椅

這是訓練過程中最重要的一堂課，狗狗必須學著理解，一旦主人已經累了，或是坐下來閱讀報紙、觀賞街景，牠們也要跟著配合，安靜地趴下等待！

都會敏捷犬訓練是對飼主想像力的大考驗，不過這些遊戲卻可以帶給狗狗莫大的樂趣！

如何找出問題所在

如果鄰居已經開始抱怨，或是經過一天辛苦的工作之後，卻發現家裡被搞得一團糟，那你就要有所警惕：把狗狗單獨留在家裡，將是你往後最大的挑戰！雖然這看起來好像是狗狗為了報復你所產生的行為偏差，然而，這真的是事實真相嗎？

緊張、恐懼或是興奮？

狗狗獨處時，為什麼會有這些行為？這當中有很多可能性，不過主要還是分離性焦慮所引起，但這卻不是惟一的答案，狗狗會因為分離導致受挫、恐懼、憂慮，有時候甚至會非常興奮。也因為這些偏差行為通常只在狗狗獨處時發生，如果貿然臆測潛藏在底下真正的問題來源，極可能會偏離事實，除非我們能親眼看到究竟發生了什麼事！

因分離導致的行為偏差，是養狗同好最大的困擾之一，如何運用正確方法及早處理，才能避免問題惡化。當你離開狗狗身邊時，或許可以藉由攝錄影機或網路攝影機記錄牠的一舉一動，同時也可以清楚觀察牠的情緒狀態，狗狗興奮和難過的樣子反差很大，一下子就可以看出來！此外，如果是「多犬之家」，搞不好其中可能只有一隻狗狗會因為你的離開而陷入低潮，所以一定要釐清始作俑者是誰，才能適時提供協助。

分離性緊張症或是輕度憂傷

總而言之，因為分離恐懼症所苦的狗狗，通常會過度依賴主人。牠們最典型的症狀就是亦步亦趨地跟著主人，不管是屋子裡的哪個角落，甚至連浴室也不放過，這種狗狗一般只會把注意力集中在特定對象上，整天黏著他！

如果你懷疑狗狗因為獨處而心情低落，或當你們一起待在家裡時，牠常常展現出憂鬱的神情，這時候或許可以採用短暫分離法，試試看能不能改善這種情況。你可以多製造些讓狗狗獨處的機會，時間不需要太長，雖然你在家，但是千萬不能打擾牠。你可以用嬰兒護欄，讓牠在限定的空間活動，並把這種情況納入日常生活固定的模式，有時候你在房間這一頭，狗狗在另一頭。只要狗狗習慣這種被隔離的感覺，而且漸漸開始放鬆自己，當你真的出門，把狗狗單獨留在家裡，牠的情緒也不會有太大的起伏。然而要是狗狗還是沒辦法接受這種稍微分離的感覺，或許就要尋求動物行為專家的協助。

分離性恐懼症

因分離導致的恐懼情緒，處理時要特別小心。你可以試著回想一下，如果狗狗很害怕鞭炮聲的話，你會採取什麼樣的方式回應？假裝沒看到牠瑟縮的身軀，一旦牠很勇敢，你就會鼓勵牠、給牠獎賞；要是牠過於憂慮，你會把牠放到安全的地方，讓牠舒服地窩在裡面；這種方法對於分離性恐懼症也有效。試著找出環境中引發狗狗恐懼的原因在哪裡，可能是街頭的噪音、從鄰居那兒傳來的干擾聲、打雷、鞭炮聲等，因為噪音導致的恐慌症，最好能尋求專業人員的協助。

分離性興奮症

有些狗狗一旦獨處，就會大肆破壞，因為牠已經等不及了，不知道什麼時候你才會帶牠出門，所以只好趁這個時候發洩！狗狗藉由這種方式傳達自己的想法，牠需要更多的刺激、運動，牠也希望生活裡面多點樂趣！如果能多帶牠出門散步，或許可以改善這種症狀，特別當你預備讓牠獨處一段很長的時間，最好能在之前先帶牠出去遛達遛達！當你離開狗狗時，務必要確認牠已經很累了，而且多留一些新奇有趣的玩具給牠玩，狗骨頭、Kong 玩具、Buster™ 立方體、活力球、食物四散的遊戲等，都是為這種過動的狗狗所設計。你最好試著多投入些心血，讓狗狗有更多事情可以忙，否則只要你一離開，牠就會自己找樂子，把家裡搞得天翻地覆！

大部分狗狗在家裡獨處期間都有個上限，所以最好能實際一點，千萬不要把牠獨自留在家裡超過 4 個小時以上！

採取行動，尋求協助

狗狗因為分離而產生某些症狀，只要你發現一些蛛絲馬跡，最好能及早著手解決。如果置之不理，問題可能會越來越嚴重，不只狗狗本身，連飼主都會很苦惱，甚至把左鄰右舍都牽扯進來，大家一起進行耐心大考驗！

諮詢獸醫師

不管狗狗發生什麼問題，獸醫師都是你第一個求助對象。狗狗不會說話，沒辦法告訴你自己的感覺，家中所有寵物也會生病、身體不舒服，但是牠無法直接表達，所以造成牠的行為改變。就像人類一樣，狗狗也會胃痛、肌肉痠痛，牠甚至可能會頭痛。生理上的問題會讓狗狗更煩躁、脆弱、緊張，這種狀況就不是單純的行為偏差，應該藉由適當的治療才能改善，而獸醫師就是提供協助最好的選擇！

跟鄰居聊一聊

一旦獸醫師確定狗狗沒有身體方面的疾病，你下一個諮詢的對象應該就是附近鄰居。如果你住在公寓裡，或是離其他住戶很近，要是狗狗會吠叫或哀嚎，最好早點抽空拜訪一下左鄰右舍，因為狗狗這種行為很擾鄰，甚至會讓對方心情低落，他們可一點都不會同情狗狗的處境！試著跟鄰居談一談，不但可以讓他們知道你已經察覺狗狗的問題，而且正著手想辦法解決。預防重於治療，及早跟鄰居溝通，才能避免衝突越演越烈！

從狗狗方面下手

對養寵物的人來說，狗狗的福利隨時都要列入考慮，你可以試著回想一下，自家狗狗會因為哪些情緒的驅使，導致這些行為。

分離會導致緊張？還是興奮？為了準確地釐清問題，最好求助於專家。

當你在家時，可以多觀察狗狗的反應，當牠獨處時，會有什麼改變嗎？牠還是一如往常情緒穩定，還是因為緊張，所以一臉愁苦？你可以參閱 136-137 頁的建議，或許能改善這些問題。然而如果情況很糟，狗狗的福利還是要擺在第一優先，這時候最好能尋求動物行為專家的協助，採用這種策略既實際又有效！

讓寵物接受心理諮商

寵物行為諮詢師或訓練師通常都很有經驗，知道如何正確地處理因分離而產生的各種症狀，他們一般都會和獸醫院合作，提供轉診服務，如果狀況很糟的話，甚至需要使用藥物治療。寵物行為諮詢師在處理個案時，藉由直接觀察狗狗、病史研究、背景資料了解等，從各方面搜集更完整的資訊，要是你有拍攝錄影帶或諮詢過鄰居的意見，務必要將這些資料提供給他參考。此外，有關狗狗的運動、食物、就醫記錄等，也都要納入評估。

一旦專家已經搜集到足夠的資訊，就能提供相關建議，幫狗狗設計一整套的行為矯正計畫，其內容不外乎如何讓狗狗更有自信，如何在你出門前設定好一些信號，如何讓狗狗了解獨處也是日常生活的一部分。總而言之，整個計畫當中絕對不能採用處罰或嚴苛的方式。雖然沒有所謂的「特效藥」，能馬上解決嚴重的行為偏差問題，不過只要持之以恆，最終還是有效果。這類的矯正計畫，初期階段通常持續 4 到 6 週，不過接下來的幾週甚至幾個月還是不能間斷。設計良好的行為矯正計畫大多具有不錯的成果，然而這需要所有家庭成員共同努力，一起投入時間精力，才能打贏這場持久戰！

正確的協助

尋求動物行為專家的協助，就跟人類看病就診一樣，所以務必要先確認對方的資歷，他是否有相關證照或經歷，過去有沒有處理過類似的案例。或許你可以請獸醫師提供建議，建立一份口袋名單；在預約看診之前，記得要先在電話中跟對方聊一聊。如果對方宣稱，只有用處罰的方式，才能解決行為偏差的問題，或是試圖想要說服你，把狗狗帶到其他地方去訓練，那你千萬不能中了對方的圈套，你們家狗狗的問題只能在自家解決，其他地方，免談！

City Dog
時尚飼主的愛犬教養書

作　　者　莎拉・懷特海德（Sarah Whitehead）
譯　　者　陳印純

發 行 人　林敬彬
主　　編　楊安瑜
編　　輯　蔡穎如
內頁編排　帛格有限公司
封面設計　帛格有限公司

出　　版　大都會文化　行政院新聞局北市業字第89號
發　　行　大都會文化事業有限公司
110台北市信義區基隆路一段432號4樓之9
讀者服務專線：（02）27235216
讀者服務傳真：（02）27235220
電子郵件信箱：metro@ms21.hinet.net
網　　址：www.metrobook.com.tw

郵政劃撥　14050529 大都會文化事業有限公司
出版日期　2009年6月初版一刷
定　　價　280元

ISBN　978-986-6846-66-3
書　　號　Pets-015

Metropolitan Culture Enterprise Co., Ltd.
4F-9, Double Hero Bldg., 432, Keelung Rd., Sec. 1,Taipei 110, Taiwan
Tel:+886-2-2723-5216　Fax:+886-2-2723-5220
E-mail:metro@ms21.hinet.net
Web-site:www.metrobook.com.tw

First published in 2008 under the title City Dog
by Hamlyn, part of Octopus Publishing Group Ltd
2-4 Heron Quays, Docklands, London E14 4JP

大都會文化 METROPOLITAN CULTURE

國家圖書館出版品預行編目資料

City Dog：時尚飼主的愛犬教養書 / 莎拉・懷特海德（Sarah Whitehead）著；陳印純 譯.
-- 初版. -- 臺北市：大都會文化, 2009.06
面； 公分. -- (Pets; 15)

譯自：The city dog : the essential guide for the urban owner

ISBN 978-986-6846-66-3（平裝）
1. 犬　2. 寵物飼養

437.354　　98005919

請沿虛線剪下，對折裝訂後寄回

City Dog

時尚飼主的愛犬教養書

北區郵政管理局
登記證北台字第9125號
免貼郵票

大都會文化事業有限公司
讀者服務部收

110 台北市基隆路一段432號4樓之9

寄回這張服務卡（免貼郵票）
您可以：
◎不定期收到最新出版訊息
◎參加各項回饋優惠活動

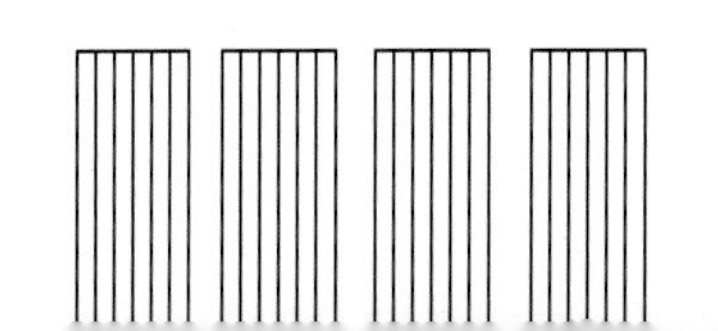

大都會文化 讀者服務卡

書名：City Dog 時尚飼主的愛犬教養書

謝謝您選擇了這本書！期待您的支持與建議，讓我們能有更多聯繫與互動的機會。

日後您將可不定期收到本公司的新書資訊及特惠活動訊息。

A. 您在何時購得本書：_____年_____月_____日

B. 您在何處購得本書：__________書店，位於__________(市、縣)

C. 您從哪裡得知本書的消息：

1.□書店 2.□報章雜誌 3.□電台活動 4.□網路資訊

5.□書籤宣傳品等 6.□親友介紹 7.□書評 8.□其他

D. 您購買本書的動機：（可複選）

1.□對主題或內容感興趣 2.□工作需要 3.□生活需要

4.□自我進修 5.□內容為流行熱門話題 6.□其他

E. 您最喜歡本書的：（可複選）

1.□內容題材 2.□字體大小 3.□翻譯文筆 4.□封面 5.□編排方式 6.□其他

F. 您認為本書的封面：1.□非常出色 2.□普通 3.□毫不起眼 4.□其他

G. 您認為本書的編排：1.□非常出色 2.□普通 3.□毫不起眼 4.□其他

H. 您通常以哪些方式購書：(可複選)

1.□逛書店 2.□書展 3.□劃撥郵購 4.□團體訂購 5.□網路購書 6.□其他

I. 您希望我們出版哪類書籍：（可複選）

1.□旅遊 2.□流行文化 3.□生活休閒 4.□美容保養 5.□散文小品

6.□科學新知 7.□藝術音樂 8.□致富理財 9.□工商企管 10.□科幻推理

11.□史哲類 12.□勵志傳記 13.□電影小說 14.□語言學習（____語）

15.□幽默諧趣 16.□其他

J. 您對本書(系)的建議：

K. 您對本出版社的建議：

讀者小檔案

姓名：__________性別：□男 □女 生日：____年____月____日

年齡：1.□ 20 歲以下 2.□ 21 — 30 歲 3.□ 31 — 50 歲 4.□ 51 歲以上

職業：1.□學生 2.□軍公教 3.□大眾傳播 4.□服務業 5.□金融業 6.□製造業

7.□資訊業 8.□自由業 9.□家管 10.□退休 11.□其他

學歷：□國小或以下 □國中 □高中／高職 □大學／大專 □研究所以上

通訊地址：____________________

電話：（H）__________（O）__________ 傳真：__________

行動電話：__________ E-Mail ：________________

◎謝謝您購買本書，也歡迎您加入我們的會員，請上大都會網站 www.metrobook.com.tw 登錄您的資料。您將不定期收到最新圖書優惠資訊和電子報。

大都會文化
METROPOLITAN CULTURE

大都會文化
METROPOLITAN CULTURE